# 城市无人机视觉目标识别与无线定位技术

主　　编：翟　优　韩　东

副 主 编：刘德亮　郭希维

参　　编：周海俊　许葆华　何　鹏

　　　　　谢建华　张状和　高　晨

燕山大学出版社

·秦皇岛·

图书在版编目（CIP）数据

城市无人机视觉目标识别与无线定位技术 / 翟优，韩东主编. —秦皇岛：燕山大学出版社，2024.10

ISBN 978-7-5761-0537-7

Ⅰ.①城… Ⅱ.①翟… ②韩… Ⅲ.①城市群—无人驾驶飞机—目标—自动识别②城市群—无人驾驶飞机—无线电定位 Ⅳ.①V279

中国国家版本馆 CIP 数据核字（2023）第 117103 号

# 城市无人机视觉目标识别与无线定位技术
CHENGSHI WURENJI SHIJUE MUBIAO SHIBIE YU WUXIAN DINGWEI JISHU
翟　优　韩　东　主编

| | | | |
|---|---|---|---|
| 出版人：陈　玉 | | | |
| 责任编辑：朱红波 | | 策划编辑：朱红波 | |
| 责任印制：吴　波 | | 封面设计：刘韦希 | |
| 出版发行：燕山大学出版社 | | 电　　话：0335-8387555 | |
| 地　　址：河北省秦皇岛市河北大街西段 438 号 | | 邮政编码：066004 | |
| 印　　刷：涿州市般润文化传播有限公司 | | 经　　销：全国新华书店 | |

| | | | |
|---|---|---|---|
| 开　　本：787mm×1092mm　1/16 | | 印　　张：10 | |
| 版　　次：2024 年 10 月第 1 版 | | 印　　次：2024 年 10 月第 1 次印刷 | |
| 书　　号：ISBN 978-7-5761-0537-7 | | 字　　数：196 千字 | |
| 定　　价：40.00 元 | | | |

版权所有　侵权必究

如发生印刷、装订质量问题，读者可与出版社联系调换

联系电话：0335-8387718

# 前　言

随着无人机技术的不断进步，无人机的用途日益广泛，在军事、民用和科研等各领域获得了广泛的应用。特别是随着城市建设的不断发展，未来无人机将在物流运输、城市规划、交通监控、灾害监测等各个领域发挥越来越重要的作用。随着无人机在城市空间应用的不断拓展，越来越多的无人机将会在复杂的城市空间开展作业任务，因此提升无人机的目标识别能力和定位导航精度势在必行。

本书以无人机城市空间应用为背景，对作者在视觉目标识别和无线定位等领域的研究做了全面介绍，全书共 10 章。第 1 章介绍研究背景、相关领域研究现状以及本书的内容与结构安排；第 2 章介绍融合多层深度特征的判别式相关滤波跟踪方法；第 3 章介绍融合深度信息的长期目标跟踪方法；第 4 章介绍基于 SSD（Single Shot MultiBox Detector）算法的视觉目标检测系统设计；第 5 章介绍基于区域建议的红外小目标检测算法；第 6 章介绍 DOA（Direction of Arrival）估计基础理论；第 7 章介绍短快拍条件下基于均匀圆阵的二维 DOA 估计方法；第 8 章介绍短快拍条件下基于柱面共形阵的二维 DOA 估计方法；第 9 章介绍短快拍条件下基于锥面共形阵的二维 DOA 估计方法；第 10 章对全书内容进行了总结，对未来研究进行了展望。

全书由翟优、韩东负责统稿，翟优负责第 1、2 章内容的编写，韩东负责第 6、10 章内容的编写，刘德亮负责第 7 章内容的编写，郭希维负责第 5 章模型设计部分的编写，许葆华负责第 3 章算法框架的编写，周海俊负责第 4 章检测算法设计部分的编写，何鹏负责第 8 章算法设计部分的编写，谢建华负责第 9 章算法设计部分的编写，张状和负责第 8、9 章仿真实验部分的编写，高晨负责第 3、4、5 章实验部分的编写。

由于时间仓促，加之作者水平有限，书中不足甚至错误之处在所难免，恳请广大读者批评指正。

# 目　　录

第 1 章　绪论 .................................................................................................. 1
    1.1 研究背景与意义 .................................................................................. 1
    1.2 相关领域研究现状 .............................................................................. 3
    1.3 本书内容与结构安排 ........................................................................ 19

第 2 章　融合多层深度特征的相关滤波跟踪 .............................................. 23
    2.1 引言 .................................................................................................... 23
    2.2 LADCF 算法简介 .............................................................................. 23
    2.3 多层深度特征融合机制 .................................................................... 27
    2.4 实验结果分析 .................................................................................... 30
    2.5 本章小结 ............................................................................................ 37

第 3 章　融合深度信息的长期目标跟踪框架 .............................................. 38
    3.1 引言 .................................................................................................... 38
    3.2 典型 DCF 类算法简介 ...................................................................... 38
    3.3 融合深度信息的相关滤波跟踪 ........................................................ 39
    3.4 实验结果分析 .................................................................................... 45
    3.5 本章小结 ............................................................................................ 49

第 4 章　基于 MobileNet V2 和 SSD 的目标检测 ...................................... 50
    4.1 引言 .................................................................................................... 50
    4.2 基于迁移学习的 MobileNet-SSD 算法训练与实现 ........................ 50
    4.3 跟踪系统简介 .................................................................................... 55
    4.4 跟踪系统测试 .................................................................................... 58
    4.5 本章小结 ............................................................................................ 59

第 5 章　基于区域建议的块图像红外目标检测 .......................................... 60
    5.1 引言 .................................................................................................... 60
    5.2 IPI 模型简介 ...................................................................................... 60

5.3 基于区域建议的 IPI 模型 .................................................. 62
5.4 实验结果分析 ..................................................................... 72
5.5 本章小结 ............................................................................. 87

## 第 6 章 DOA 估计基础理论 ............................................... 88
6.1 信号模型 ............................................................................. 89
6.2 经典的 DOA 估计算法原理 .............................................. 92
6.3 MUSIC 算法对信号 DOA 的性能仿真实验 ..................... 96
6.4 快拍数变化对 MUSIC 算法的影响 .................................. 98
6.5 本章小结 ........................................................................... 101

## 第 7 章 基于均匀圆阵的二维 DOA 估计 ......................... 102
7.1 均匀圆阵接收信号模型 ................................................... 102
7.2 UCA-IAA 算法 ................................................................. 103
7.3 仿真分析 ........................................................................... 107
7.4 本章小结 ........................................................................... 111

## 第 8 章 基于柱面共形阵的二维 DOA 估计 ..................... 113
8.1 柱面共形阵接收数据模型 ............................................... 113
8.2 CYCA-IAA 算法 ............................................................... 116
8.3 仿真实验及分析 ............................................................... 120
8.4 本章小结 ........................................................................... 125

## 第 9 章 基于锥面共形阵的二维 DOA 估计 ..................... 126
9.1 锥面共形阵接收数据模型 ............................................... 126
9.2 COCA-SPICE 算法 ........................................................... 127
9.3 仿真实验及分析 ............................................................... 132
9.4 本章小结 ........................................................................... 136

## 第 10 章 总结与展望 ........................................................... 137

## 参考文献 ............................................................................... 140

# 第 1 章 绪 论

## 1.1 研究背景与意义

无人机是一种有动力、可控制、可执行多种任务的无人驾驶航空器。与有人驾驶飞机相比，无人机具有结构简单、体积小、重量轻、成本低、便于隐蔽等特点，可多次回收使用，适于执行高风险任务。随着无人机技术的不断进步，无人机产品的种类不断丰富，在军事、民用和科研等各领域得到了广泛的应用。在军事上，无人机不但能用作靶机，还可以执行侦查、监视、通信、反潜、导航、诱饵、炮兵校正和电子对抗等任务；在民用上，无人机可以实施通信中继、大地测量、气象观测、地质勘查、缉毒缉私、森林防火和人工降雨等作业；在科研上，无人机可用于大气取样、新技术研发等科研实验。

近年来，随着各国智慧城市建设的不断发展，未来无人机将承担更多的城市空间作业任务。可以预见，在不久的将来，无人机将在物流运输、城市规划、交通监控、灾害监测等领域发挥越来越重要的作用。制约和限制无人机在城市空间应用的一个因素是现阶段无人机自主飞行能力弱，需要有人操控，因此，无人机飞行大多停留在可视范围内。城市空间复杂多变，视野受限，如果无人机无法实现超视距作业，则无法充分发挥无人机的诸多优势。因此，提升无人机的目标识别能力和定位导航精度势在必行。

目前无人机普遍使用惯性导航技术、卫星定位导航技术、多普勒导航技术和地形辅助导航技术等，虽然能基本满足无人机飞行导航和定位需求，但是各项技术在城市空间应用时，还存在一些不足。惯性导航技术隐蔽性强、不易受外界干扰，但存在累积误差。卫星定位导航技术实时性较强，但是刷新速率较慢，大约在 1~2 Hz，不满足需要快速刷新飞行导航信息的情况，并且卫星定位导航容易受到城市中密集建筑物的影响，卫星信号发生折射或绕射甚至被完全遮挡，使得定位误差加大甚至无法完成定位。多普勒导航技术数据刷新速度快，但是系统容易受到地形影响，测量精度随着飞行距离的增加而增大。地形辅助导航技术没有累积误差且隐蔽性好，适合在地形变化明显的地方使用，但是地形辅助技术容易受到天气影响，在大雾和大雨环境中效果不佳。

随着通信技术的不断进步，各大、中城市的第五代移动通信技术（5$^{th}$ Generation Mobile Communication Technology，简称 5G）建设加速推进。5G 网络具有更高的速率、更宽的带宽、更高的可靠性、更低的时延，能够满足虚拟现实、超高清视频、智能制造、自动驾驶等行业的应用需求。与历代通信系统相比，5G 衍生出的大规模 MIMO（Multiple Input Multiple Output）、超密集网络、毫米波传输以及 D2D（Device-to-Device Communication）等关键技术，在提升系统通信性能的同时，可提高无线定位的精度和适用范围。大规模 MIMO 技术提高了基站和移动终端之间的波达方向 DOA（Direction of Arrival）测量精度；智能设备支持 D2D 通信，由此可以为移动终端之间提供大量的额外可视距链路；密集组网极大地提高了基站密度，使用户信息可以同时被多个基站接收到，有利于多基站以协作的方式实现高精度 DOA 定位。因此，除了利用 5G 网络进行信息传输外，还可利用 5G 网络的无线信号进行无人机定位。在定位过程中，目前使用的长时间的信号采样虽然能提高定位精度，从而提高导航精度，但由于城市建筑物密集、电磁环境复杂，信号极易受到干扰，因此对信号长时间采样得到的定位参数变得不再可靠。如何只依靠很少的信号采样，几个甚至一个快拍来完成无人机的定位，对于提高定位精度而言就成为研究者需要迫切解决的问题。

无论是执行配送任务，还是执行灾害监测任务，在沿规划路径飞行至目标区域后，无人机需要完成对感兴趣目标（区域）的检测与跟踪，因此目标识别能力的提升，对于无人机自主飞行至关重要。城市飞行无人机主要是小型无人机，小型无人机受到自身体积、重量和载荷的限制，通常只能搭载可见光、红外等体积小、重量小以及成本都比较低的无源探测传感器。利用无人机获取的目标图像，可得到感兴趣目标（区域）种类、位置、运动状态等重要信息。随着嵌入式处理器计算能力的提升，基于图像的目标识别技术得到了快速发展，深度学习、相关滤波、支持向量机等技术在目标识别领域获得了广泛应用，取得了较好效果。但面对复杂多变的城市环境，目标跟踪和检测的速度、精度以及可靠性仍需进一步提升。因此如何利用图像信息提高目标探测识别的精度和可靠性，是研究者需要迫切解决的另一个问题。

本书关注于基于 5G 网络和图像处理的城市无人机自主定位与目标识别技术，主要包括 4 个方面内容：（1）基于判别式相关滤波的视觉目标跟踪方法。相关滤波跟踪速度快、精度高、鲁棒性好，是当前视觉目标跟踪领域的研究重点之一。本书在相关滤波框架内，融合深度特征、图像灰度、HOG 等多种特征，并引入深度信息，实现对目标的有效跟踪。通过对浅层深度特征进行空间降采样和通道压缩，降低了特征维度，同时优化多尺度搜索策略，并利用深度信息构建目标跟踪置信度判别，有效提升了跟踪可靠性，降低了算法的复杂度。（2）基于深度学习的视觉目标检测方法。采用 SSD（Single Shot MultiBox Detector）算法进行目标检测，通过采用轻量级的 MobileNet V2 网络来替换大型的 VGG16 网络，从而降低 SSD 算法的复杂度，提升运算速度并采用迁移学习方法，训练检测模型，对于利用深度学习进行目标检测具有一定借鉴作用。（3）基于红外块图像（Infrared Patch Image，IPI）模型的红外目标检测方法。将区域建议思想引入红外目标检测，利用图像对比度对潜在的候选目标进行筛选，得到稀疏的预选目标块图像，有效减少了计算复杂度，并引入加权核范数，降低背边缘和高亮度区域干扰，能够有效降低虚警率。（4）面向 5G 网络的短快拍条件下共形阵列 DOA 估计方法。DOA 估计是利用波达方向进行无线定位的核心技术，本书围绕短快拍条件下的共形阵 DOA 估计问题，以均匀圆阵、柱面共形阵、锥面共形阵三种阵列为例，分别通过循环迭代方法、自适应滤波方法、协方差稀疏迭代的方法，研究解决了其短快拍条件下的估计问题。上述研究内容，不仅对于城市无人机自主导航具有很强的借鉴意义和应用价值，还是对无线定位和目标探测识别理论的丰富和发展。

## 1.2 相关领域研究现状

针对城市无人机所面临的目标识别与无线定位问题，国内外学者已经进行了较长时间研究，形成了大量优秀的研究成果。这些研究成果涉及的研究领域繁多，这里无法做到面面俱到，因此仅对视觉目标检测、视觉目标跟踪、红外小目标检测以及 DOA 估计等本书所涉及的最核心技术进行介绍。

### 1.2.1 视觉目标检测现状

跟踪系统需要在第一帧检测目标或者目标丢失后的后续图像序列中检测目标，通常采用的方法是利用目标在第一帧或丢失前图像序列中所包含的信息。当前目标检测算法大致可分为传统的目标检测以及基于深度学习的目标检测。需要说明的是目标检测与前景检测不同。目标检测指找出图像中所有感兴趣的物体（识别目标），确定它们的位置和大小，可用于视频等序列图像，也可用于静止图像。而运动前景检测是从序列图像中将变化区域从背景图像中提取出来。目标检测利用了目标的先验信息，而前景检测没有利用目标的先验信息；目标检测可确定目标是否存在，以及目标的大小及位置，而前景检测只是将变化区域提取出来。二者的内涵虽相近，但却明显不同。前景检测可作为目标检测系统的一环，用于降低目标检测的难度。

#### 1.2.1.1 传统目标检测

传统的目标检测主要指基于分类器的目标检测，可通过学习分类器实现，一般使用滑动窗口的框架，主要包括以下三个步骤：（1）选取候选图像区域：利用不同尺寸的滑动窗口，在图像中进行滑动操作，选取图像的某一部分，作为候选区域；（2）提取候选区域的视觉特征：特征提取是目标检测中一个非常重要的问题，因此采用一种能够将一类物体和其他物体区别开来的特征至关重要，比如人脸检测常用的 SURF（Speeded Up Robust Feature）特征、SIFT（Scale Invaraint Feature Transform）特征，行人检测和普通目标检测常用的 HOG（Histogram of Oriented Gradients）特征等；（3）利用分类器进行分类：分类器从训练样本（特征空间）中学习物体的外观和视角方面的差异。可以采用不同的方法进行分类，比如常用的 Boosting、决策树、支持向量机（Support Vector Machine，SVM）等。这些学习算法通过在高维空间中学习超平面来将一类物体和其他物体区别开来。传统目标检测主要存在两个问题：一是基于滑动窗口的区域选择策略没有针对性，时间复杂度高，窗口冗余；二是手工设计的特征对于多样性的变化并没有很好的鲁棒性。

传统的目标检测中，多尺度形变部件模型 DPM（Deformable Part Model）[1]表现比较优秀。DPM 把物体看成了多个组成的部件（比如人脸的鼻子、嘴巴等），用部件间的关系来描述物体，这个特性非常符合自然界很多物体的非刚体特征。DPM 可以看做是 HOG+SVM 的扩展，很好地继承了两者的优点，在人脸检测、行人检测等任务上取得了不错的效果，但是 DPM 相对复杂，检测速度也较慢。

#### 1.2.1.2 基于深度学习的目标检测

基于深度学习的目标检测可以分成两大类：（1）两阶段方法，即基于区域建议（Region Proposal）的目标检测，其将检测问题划分为两个阶段，首先产生候选区域，然后对候选区域分类（一般还需要对位置精修），这类算法的典型代表是区域建议网络与卷积神经网络（Convolutional Neural Network，CNN）相结合的算法，如 R-CNN、Fast R-CNN、Faster R-CNN 等；（2）单阶段方法，即基于回归的目标检测，该方法不需要候选区域提取阶段，直接通过 CNN 网络，产生物体的类别概率和位置坐标值，比较典型的算法如 YOLO（You Only Look Once）和 SSD 算法。

1. 基于区域建议的目标检测

2014 年，Ross B. Girshick 等人[2]使用 Region Proposal+CNN 特征替代传统目标检测使用的滑动窗口+手工设计特征，设计了 R-CNN 框架，使得目标检测取得巨大突破。

该方法采用 Selective Search 算法从图像中提取候选区域，并规划到同一分辨率，然后将候选区域输入 CNN 网络学习目标特征。对于每个候选区域提取到的 CNN 特征，再用 SVM 分类来作识别，用线性回归来微调边框位置与大小。其中每个类别单独训练一个边框回归器（Bounding-box Regression）。Region Proposal 利用了图像中的纹理、边缘、颜色等信息预先找出图中目标可能出现的位置，可以保证在选取较少窗口（几千个甚至几百个）的情况下保持较高的召回率。这大大降低了后续操作的时间复杂度，并且获取的候选窗口要比滑动窗口的质量更高。但 R-CNN 框架存在如下问题：（1）重复计算：每幅图像提取 2000 个左右的候选区域，这些候选区域都需要进行 CNN 操作，计算量依然很大，其中有不少其实是重复计算；（2）训练分为多个阶段，步骤烦琐：Region Proposal、CNN 特征提取、SVM 分类、边框回归；（3）训练耗时，占用存储空间大。

针对 R-CNN 框架存在的问题，SPP-NET（Spatial Pyramid Pooling Network）[3] 将候选区域在原图的位置映射到卷积层特征图上，再将每个候选区域的卷积层特征输入全连接层作后续操作，极大地降低了特征提取和分类次数。使用 SPP-NET 相比于 R-CNN 可以大大加快目标检测的速度，但是依然存在不足之处：（1）训练分为多个阶段，步骤烦琐：微调网络+训练 SVM+训练边框回归器；（2）SPP-NET 在微调网络的时候固定了卷积层，只对全连接层进行微调，而对于一个新的任务，有必要对卷积层也进行微调；针对这两个新的问题，Ross B. Girshick 又分别提出了 Fast R-CNN[4] 和 Faster R-CNN[5]，它们都是精简而快速的目标检测框架，融合了 R-CNN 和 SPP-NET 的精髓，并且引入多任务损失函数，使整个网络的训练和测试变得十分方便，无论在速度上还是精度上都得到了较大提高。但遗憾的是，这两种方式依然无法满足实时性的要求。

总之，从 R-CNN、SPP-NET、Fast R-CNN、Faster R-CNN 一路走来，基于深度学习目标检测的流程变得越来越精简，精度越来越高，速度也越来越快，是当前视觉目标检测研究的一个重要分支。

2. 基于回归方法的目标检测

第二种主流的深度学习目标检测的方法是端到端的基于回归方法的深度学习目标检测算法。在实时性的需求下，许多学者考虑直接利用 CNN 的全局特征预测每个位置可能的目标，使用了回归的思想，即给定输入图像，直接在图像的多个位置上回归出这个位置的目标边框以及目标类别，即无须 Region Proposal 阶段。典型算法包括 YOLO 算法[6-7]和 SSD 算法[8]。

YOLO 算法的主要实现过程是：（1）给出一个输入图像，首先将图像划分成 7×7 的网格；（2）对于每个网格，预测 2 个边框（包括每个边框是目标的置信度以及每个边框区域在多个类别上的概率）；（3）根据上一步可以预测出 7×7×2 个目标窗口，然后根据阈值去除可能性比较低的目标窗口，最后采用非极大值抑制去除冗余窗口即可。整个过程非常简单，不需要中间的候选区域寻找目标，直接回归便完成了位置和类别的判定。YOLO 算法将目标检测任务转换成一个回归问题，大大加快了检测的速度，可以每秒处理 45 张图像，而且由于每个网络预测目标窗口时使用的是全局信息（充分的上下文信息），使得误检率大幅降低。但是 YOLO 算法没有了候选区域机制，只使用 7×7 的网格回归导致目标定位精度不高。

SSD 算法获取目标位置和类别的机理跟 YOLO 算法相同，均采用回归，但是 YOLO 算法预测某个位置使用的是全局特征，而 SSD 算法预测某个位置使用的是该位置周围的局部特征。SSD 算法结合了 YOLO 算法中的回归思想和 Faster R-CNN 的机制，既保持了 YOLO 算法速度快的特性，也保证了窗口预测精准度。速度在 GPU 上达到 58 帧每秒。YOLO 算法的提出给目标检测一个新的思路，SSD 算法的性能则让我们看到了目标检测在实际应用中真正的可能性。

### 1.2.2 视觉目标跟踪现状

视觉目标跟踪指在视频序列第一帧，给定目标中位置和大小，并在后续图像序列中估计目标的位置和大小。在视觉目标跟踪的过程中，由于 3D 场景投影到 2D 图像平面上，导致信息缺失、图像受到噪声污染，此外，场景的复杂性以及目标本身的尺度、形状和纹理变化，均对目标跟踪提出诸多挑战，这些挑战主要有光照变化、场景复杂性、背景混叠、尺度变化、色彩变化、图像形变、模糊、场景运动以及摄像机运动等。针对视觉目标跟踪中的挑战，大量学者相继提出了多种目标跟踪算法。这些算法之间相互联系相互交叉，很难采用统一的标准进行分类。根据角度的不同，可以将视觉目标跟踪算法分为不同的类型。按照被跟踪目标的数量情况，可分为单目标和多目标跟踪。单目标跟踪是多目标跟踪的基础，多目标跟踪不仅要同时管理、估计多个目标状态，还要处理目标间的相互遮挡、合并和分离等问题，在实际应用中面临的困难要相对复杂。按照被跟踪目标实体的结构情况，可分为刚体目标跟踪和非刚体目标跟踪。刚体目标具有刚性结构、不易变形，如汽车、飞机、轮船等。而非刚体目标外形及结构在跟踪过程中是极易发生变化的，如行人、奔跑的动物、人的面部等。根据传感器的数目，可以分为单图像采集设备的目标跟踪和多图像采集设备的目标跟踪。根据传感器的类别，可分为基于可见光图像的目标跟踪和基于红外图像的目标跟踪。根据目标跟踪算法所采样的框架，可分为统计的方法、确定性的方法以及基于检测的方法。根据目标跟踪算法中描述目标所采用的信息类型（点、线、面）将目标跟踪算法分为基于点的跟踪、基于线的跟踪和基于面的跟踪。根据目标表观模型的不同，目标跟踪可以分为基于生成式目标模型的目标跟踪和基于判别式模型的目标跟踪。下面主要从目标表观模型角度，来对单目标跟踪算法进行介绍。

#### 1.2.2.1 基于生成式模型的目标跟踪

生成式模型是指在特征空间中对目标区域进行描述，学习一个具有代表性的目标外观模型（模板），通过寻求与目标模型最相近的候选目标作为跟踪结果，基本思想与模板匹配相近，其流程如图 1-1 所示。基于生成式模型的目标跟踪着眼于目标自身表观模型的构建，能够适应较大范围内的目标表观变化。但生成式模型没有考虑背景信息，在目标自身变化剧烈或者被遮挡时容易产生跟踪漂移。常见的基于生成式模型的视觉目标跟踪算法包括基于均值漂移的视觉目标跟踪和基于粒子滤波的视觉目标跟踪。

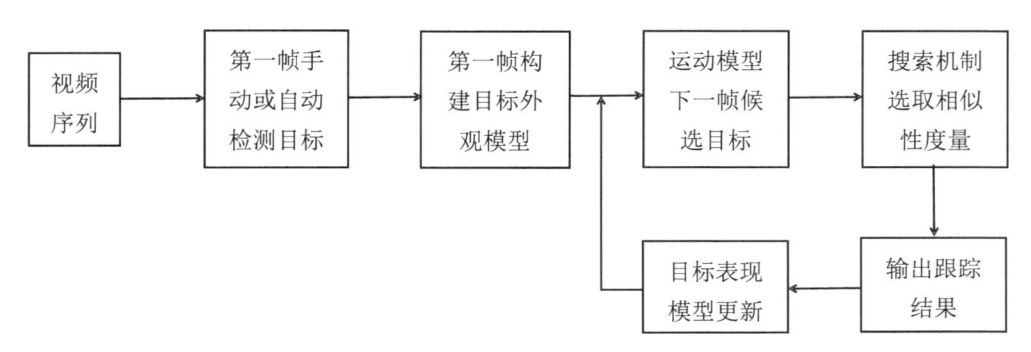

**图 1-1 基于生成式模型的目标跟踪流程**

1. 基于均值漂移的视觉目标跟踪

Comaniciu 等人首次将均值漂移（Mean Shift）应用到视觉目标跟踪领域[9-10]。均值漂移算法是一种无参数核密度估计算法，以核密度函数作为描述目标模型的特征，通过迭代计算寻找局部极大值来确定最优解。由于不需要参数而且快速简单，均值漂移算法在目标跟踪领域也得到了广泛的应用。研究者后续相继提出多种改进算法来提高均值漂移算法的鲁棒性和适应性，改进的重点是处理目标尺度变化和采用更加独特的特征。如 Collins 等人[11]将尺度空间理论应用到均值漂移中来解决视觉目标跟踪的尺度变化问题；Zivkovic 等人[12]采用期望最大算法提出了一种尺度和方向自适应的视觉目标跟踪算法；Ning 等人[13-14]通过分析参考目标和候选目标的权重图特征来解决均值漂移中的尺度问题。近年来最值得关注的均值漂移类算法是 2014 年提出的 ASMS 算法[15]。ASMS 算法在经典均值漂移算法框架下，引入了新的尺度自适应机制，同时利用直方图色彩权重和前后向一致性校验，提高了背景混叠场景下目标跟踪算法对目标尺度变化的适应性。

2. 基于粒子滤波的视觉目标跟踪

Isard 等人[16]最先将粒子滤波算法用于视觉跟踪，利用目标的轮廓线的概率分布作为样本的量测似然函数。在粒子滤波算法中，目标表征方式非常重要，通常采用基于直方图[17]、基于混合高斯分布[18]、基于子空间[19]及基于主动轮廓[16]的方法表征目标。由于环境场景或目标的持续变化，仅用单一的表征方式不能有效地表征目标，这时可通过几种表示方式有效地结合来表征目标，如 M. Kristan 等人[20]提出的基于局部运动模型的跟踪算法，该算法中的目标是利用光流和颜色跟踪表征目标。粒子滤波跟踪算法中，目标的相似性度量也很重要，因为它和粒子的权重密切相关，而且也和目标表征方式有关。在以直方图表征的目标中，常用的相似性度量主要有 L1、EMD、KL、Bhattacharyya 等。这些相似性度量的鉴别性强弱和复杂度不同。在跟踪中，根据实际需要采用最合适的相似性度量，如 Nummiaro 等人采用的是 Bhattacharyya 相似度。

Mei 等人[21-22]以粒子滤波框架为基础，提出了一个采用稀疏表示理论的鲁棒视觉目标跟踪算法，获得了广泛关注，称之为 L1 跟踪。该方法是最先将稀疏编码或者稀疏表示的思想引入目标跟踪中来的。它可以看作一个稀疏逼近问题或正则化问题，被跟踪目标外观可以看作一个过完备字典（一组基向量或一系列模板）的线性组合，这个字典由目标模板和平凡模板组成。通过目标模板和对应的目标系数，在粒子滤波框架下根据最小重建误差原理搜寻最优跟踪结果。该方法能够较好地解决跟踪过程中的遮挡、光照变化和姿态变化问题，缺点是空间和时间的计算复杂度非常大。随后，很多加速算法对此进行了改进，如 Mei 等人[23]通过线性最小平方重构剔除大量的非重要粒子，从而减少 $l_1$ 范数最小化的次数。Zhang 等人[24-25]采用多任务学习的思想，利用候选块图像之间的相似性得到稀疏约束，在构建的视觉目标跟踪系统中也取得了良好的跟踪效果。Bao 等人[26]提出了 $l_1$ 范数最小化的快速数值解，并对平凡模板施加正则化，使得稀疏性求解更为精确。Liu 等人[27-28]也利用了分块的思想，采用 K-Selection 方法得到稀疏字典，利用此字典对候选图像的每一个分块进行编码，把得到的编码系数嵌入均值漂移框架搜索最优跟踪结果。Wang 等人[29]采用主成分分析降维原理得到

PCA 子空间来替换 L1 跟踪的目标模板，提出了一种基于稀疏模型跟踪算法。Zhang 等人[30]提出了采用低秩稀疏的跟踪算法，利用低秩和空间一致性约束，剔除大量非重要粒子，极大地降低了算法的复杂度，可实现实时跟踪。

#### 1.2.2.2 基于判别式模型的目标跟踪

所谓的判别模型是指将视频目标跟踪问题看成一个二进制分类问题，旨在寻找不同类别之间的最优分类面和分类函数，使得目标与背景的差异性最大，然后把目标从背景中分离出来。基于判别式模型的目标跟踪系统流程图如图 1-2 所示。基于判别式模型的目标跟踪，同时考虑了目标和背景信息，能够有效区分目标与背景，更加鲁棒，在当前目标跟踪领域占据主流地位。

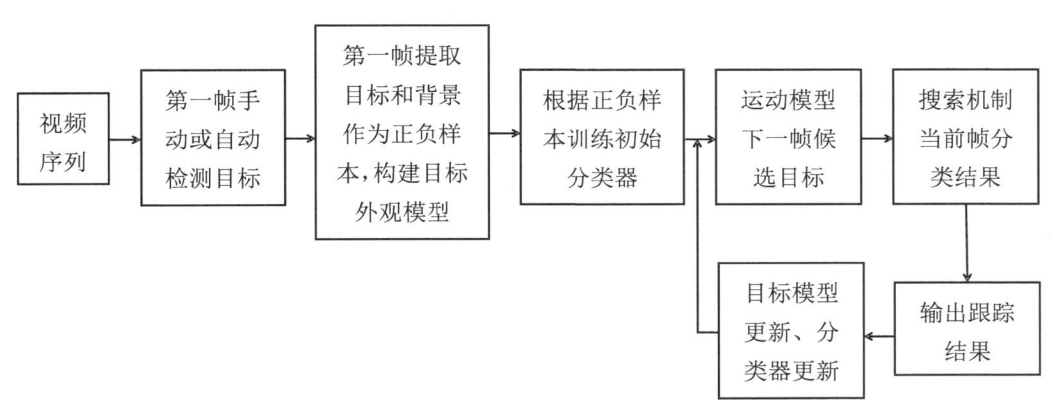

图 1-2 基于判别式模型的目标跟踪流程

该类算法的核心是从前景目标和目标周围的背景之间构建一个有效分类器，利用该分类器可以把前景目标和局部背景准确分隔开。自 TLD（Tracking Learning Detection）算法[31]提出以来，掀起了将判别式模型应用于目标跟踪的热潮。经典算法包括 Struck（Structured Output Tracking with Kernels）算法[32]、MIL（Multiple Instance Learning）算法[33-34]。Struck 算法通过为目标区域构建结构化的 SVM 分类器将目标与背景区分开来。MIL 算法通过多实例学习算法和特征选择机制训练出一个强分类器，利用这个强分类器在下一帧中构建样本标签置信图。随着相关滤波理论和深度学习理论的发展，基于判别式相关滤波器的目标跟踪和基于深度学习的目标跟踪逐渐发展为判别式跟踪的主流。

1. 基于判别式相关滤波器（Discriminative Correlation Filter，DCF）的目标跟踪

Bolme 等人[35]提出了采用自适应相关滤波的跟踪算法（MOSSE），在频域通过使用每帧图像目标的状态训练滤波器，实现了对运动目标的高速跟踪，帧速率高达

669帧/秒。尽管该算法存在很多缺点，但因其简单可行一直以来被各国学者关注和改进。以此为基础，Henriques等人[36]提出了CSK跟踪算法，以正则化最小二乘分类器为框架，依据循环矩阵理论以及核技巧，将分类问题转化为相关滤波问题，设计了密集采样的框架，从数学上解决了密集采样的问题，分类器的训练用快速傅里叶变换加速，均帧速率高达400帧/秒。在CSK算法的基础上，Henriques等人[37]又提出了采用多通道HOG特征的KCF算法，在平均帧速率高达170帧/秒的情况下，跟踪精度超过同期顶级跟踪器。基于判别式相关滤波器的跟踪算法运算速度快、跟踪精度高、鲁棒性好，受到国内外学者的广泛重视，后续人们提出了多种算法，从特征、尺度自适应、目标上下文、背景、分类器等角度对DCF框架进行了完善。如DSST算法[38-39]和SAMF算法[40]分别提出了各自的尺度估计方法，提高了DCF算法对尺度变化的鲁棒性；MCCF算法[41]和CN算法[42]提出了多通道特征融合机制，解决了如何在DCF框架内融合多通道特征的问题，采用了新的颜色（CN）特征；CFLB算法[43]降低了KCF算法由于循环移位而引起的边缘效应；STABLE算法[44]和STABLE+算法[45]在DCF框架内，将颜色直方图和HOG特征相结合，提高了DCF算法对物体变形的鲁棒性；CA-DCF提出了新的框架[46]，在DCF算法内考虑了全局上下文信息，从理论上完善了DCF算法，并分别给出了新框架下MOSSE、KCF、STABLE以及SAMF算法的实现方法，有效解决了因目标搜索区域小而产生的目标快速运动、遮挡以及背景混叠情况下的跟踪漂移问题；SRDCF算法[47]利用空间正则化组分，惩罚与空间位置相关的相关滤波器系数，增大了负样本空间，提高了负样本的精确性和检测结果的可靠性；CSRDCF算法[48]引入通道和空间可靠性的概念，对采用多通道特征的分类器施加不同权重，空间可靠性图扩大了搜索区域，提高了非矩形目标的跟踪能力；C-COT算法[49]和ECO算法[50]在DCF框架内引入深度学习特征，极大地提高了算法的性能，解决了DCF框架无法融合多分辨率深度学习特征的问题；CFNet[51]将相关滤波器解释为深度学习网络中的判别层，使得深度学习特征可以与DCF框架紧密结合。基于DCF算法与深度学习特征的融合虽然极大地提高了算法的性能，但是深度学习特征存在维数灾难，极大地降低了算法的运算速度。

2. 基于深度学习的目标跟踪算法

深度学习作为机器学习的新方向，在人工智能各个领域中均大显身手。基于深度学习的算法在跟踪精度方面取得了绝对优势，至今已有数种深度学习框架，如深度神经网络、卷积神经网络、深度置信网络和递归神经网络等。在目标跟踪领域，基于深度学习的一系列算法逐渐取得了跟踪精度方面的绝对优势。基于深度学习的目标跟踪算法已成为目标跟踪领域中不可或缺的重要组成部分。基于深度学习的目标跟踪算法大致分为三类：第一，基于深度学习特征的目标跟踪算法，在传统目标跟踪算法框架下，利用深度学习网络提取目标区域相关特征，提升算法准确性。如 Wang 等人[52]将栈式降噪自编码器特征用在了目标跟踪中，删除了自编码器中的解码部分，将其用 softmax 分类器替代，从而实现了目标与背景的分离。其优势是利用了离线数据库，在一定程度上解决了训练样本不足的问题。Danelljan 等人[50]提出将多个不同分辨率下的特征图插值到连续空间域，然后由不同层卷积特征所对应的置信图的加权总和求得目标的位置置信度，实现对目标的跟踪。Qi 等人[53]将不同层的卷积特征融合进 KCF 跟踪器中，形成若干弱分类器，然后通过引进 Hedge 算法把多个弱分类器整合为最后的跟踪器。Wang 等人[54]将每个不同通道的卷积特征作为一个基学习器，并赋予每个基学习器不同的损失函数进行训练。该方法融合了不同通道的特征优势。第二，基于深度学习网络的目标跟踪，利用专门为目标跟踪问题设计的深度学习网络，可降低跟踪算法的复杂度。如多域卷积神经网络[55]，专门针对视频目标跟踪，为不同的视频构建了不同的全卷积层，通过多次迭代训练得到跟踪视频库中共性的深度卷积特征，但缺乏应对误差累积效应的机制。为缓解判别式模型带来的误差累积效应，提出了树形结构深度卷积网络，考虑了多个卷积神经网络，用它们的线性加权组合来确定目标位置。第三，基于新型神经网络的目标跟踪。Tao 等人[56]将跟踪问题看作模式匹配再认证问题，应用孪生网络从大量的跟踪视频数据集中学习匹配函数，将匹配得分最高处作为目标跟踪结果。将跟踪看成单一的模式匹配问题，大幅降低了计算量，但没有充分利用目标的运动轨迹信息。为了缓解跟踪问题中的目标形变和遮挡问题，RTT 跟踪器[57]在二维平面上建立了基于多部件的递归神经网络，缓解了在跟踪过程中存在的误差累积和跟踪漂移问题。Ning 等人[58]通过对单帧视频图像的检测建立时序方向的递归神经网络，从而获得跟踪结果，但采用的是离线检测、在线建立时序方向的思路，不能满足目标跟踪的要求。

### 1.2.3 红外小目标检测现状

除了可见光传探测外，红外成像探测也是一种重要的探测手段。与可见光相比，红外探测只与目标的温度和其本身材料的特性相关，不受光照条件影响，具备全天时工作能力，是可见光探测的有效补充。作为红外搜索与跟踪系统最重要的组成部分，红外目标探测技术对于精确制导、导弹预警以及远程监控等具有重要作用。在实际应用中，待检测目标与探测器之间的距离较远，使得红外目标所占图像目标较小，并且没有固定的形状和大小，加上目标背景复杂多变，为红外小目标检测带来较大困难。

根据是否利用帧间信息，红外小目标检测分为基于单帧图像和基于序列图像的方法[59]。基于序列图像的方法利用目标在时间域运动的连续特性进行目标检测，例如三维匹配滤波[60]、粒子滤波[61]以及能量累积方法[62]。在实际应用中，由于目标背景的变化及目标运动轨迹的不连续性，该类方法的适用性受限。因此，基于单帧图像的方法应用更为广泛。本书主要对基于单帧图像的红外小目标检测方法进行了研究。下面仅介绍基于单帧图像的方法现状，关于红外小目标检测算法的详细分析可以参考文献[59]。

#### 1.2.3.1 基于滤波的方法

基于滤波的检测方法是最早用于小目标检测的方法，该类算法的思路简单，主要利用设计的滤波器对红外图像背景进行估计，达到抑制背景的效果。或者利用目标、背景和杂波之间的频率差异，在频域内设计相应的滤波器将背景与杂波滤除。整体而言，基于滤波的检测方法计算量小，但是效果较差，只能在一定程度上起到抑制均匀背景的作用，不能解决复杂背景的问题，且检测率低，算法的鲁棒性较差。

该类算法分为空域和频域滤波两种。空域滤波是最早期的一类红外弱小目标检测方法，原理简单，主要利用灰度和视觉显著性等差异进行检测，大都是通过从原图像中减去预测背景达到目标检测的目的，但在局部信噪比低、背景和边缘干扰强的情况下虚警率高，对背景抑制能力差，例如 Max-mean（最大均值）滤波、Max-median（最大中值）滤波[63]和 Top-hat（顶帽）算子滤波[64]。

基于频域滤波的算法主要利用目标、背景和杂波之间的频率差异，在变换域内对原始图像进行变换，在变换域中对高、低频分别进行处理，分离出目标、背景相对应的高、低频分量，再经反变换在空域实现目标检测，常用的变化方法有小波变换[65]、NLM[66]。与基于空域滤波的方法相比，虽然性能提升明显，但该类方法需要将空域与变换域相互转换时，复杂度较高，计算量较大。

#### 1.2.3.2 基于人类视觉系统的方法

人类视觉系统（Human Visual System，HVS）机制在目标检测、识别和理解方面有着非常广泛的应用，包括人眼视觉注意机制、亮度及对比度敏感机制等。基于人类视觉系统的方法不关注于小目标本身的亮度，而是关注于小目标与局部邻域的区别。其主要思想为：在红外图像中，小目标的灰度分布与其周围的背景区域存在差异，且小目标亮度通常较大，即具有显著性，通过相关算子对图像进行处理构造显著性图，突出小目标。如文献[67]针对传统算法存在的全局特征提取不足的问题提出的局部对比度方法，利用 LCM（Local Contrast Measure）度量红外图像中目标与背景的局部对比度。但该算法不适合检测暗目标，且采用"滑窗"技术进行计算对比度耗时较长，甚至存在"块效应"的问题。自此，提出了多种基于 HVS 的方法，提出了许多不同的局部对比度定义，如文献[68-70]。与传统方法相比，这些方法取得了较好的效果，但是基于 HVS 的方法对于随机噪声以及其他背景干扰比较敏感，不能够适应目标尺寸的变化。

#### 1.2.3.3 基于深度学习的方法

近年来深度学习在视觉目标检测领域取得了巨大成功，但是直接将传统的深度学习算法应用于红外小目标检测可能不会取得很好的效果，这主要是由于小目标缺乏足够可利用的纹理信息。深度学习过程中的最大池化层会进一步压缩小目标的特征，非常容易被包含复杂内容的背景所干扰。为了解决这些问题，提出了改进的深度学习模型，如 FCN-RSTN[71]、FCN-MFB[72]以及 MDvsFA[73]等。与传统方法相比，这些方法取得了非常好的效果，但是这些方法需要大量的数据以及较长的训练时间。并且基于深度学习的方法对计算能力提出了更高要求，因此这些方法还存在较大改进空间。

#### 1.2.3.4 基于矩阵低秩和稀疏恢复的方法

矩阵低秩和稀疏恢复理论由于其完备的数学理论、强大的低秩结构估计能力，在图像分类领域得到了广泛应用。红外弱小目标往往呈现稀疏特征，背景由于重复元素多，从而具有低秩特性，使检测变成一个分类任务。稀疏表示在该领域用作分类具有很好的表现，可推知其非常适合于对红外图像进行稀疏表示。因此，基于稀疏矩阵和低秩矩阵恢复的小目标检测也越来越受到人们的关注。基于矩阵低秩和稀疏恢复理论，Gao 等人[74]提出了红外块图像（Infrared Patch-image，IPI）模型，通过在红外图像上进行"滑窗"获得块图像，然后将块图像展开为列向量，并对重构得到的块图像进行低秩稀疏分解，分离出每个块的稀疏的目标特征，最后将块图像重构为目标图像，实现检测任务。其本质上是将目标检测问题转换为从矩阵中分离低秩和稀疏矩阵的问题。该方法通过对输入数据进行重新排布，来增强图像中各个部分的性质，很好地保持空间相关性。该算法开拓了使用块图像进行红外弱小目标检测的先河，在红外小目标检测领域具有重要影响，后续多种算法[75-79]从权值设定以及矩阵恢复等方法对 IPI 模型进行了改进。如文献[76]提出了加权的 WIPI 模型，将结构先验信息引入目标与背景的分离过程，并根据块图像的结构为每列自适应分配权重。文献[78]改进了 IPI

模型中的优化算法,使用自适应权重适应不同图像。虽然与其他已有检测算法相比,IPI 方法具有更好的性能,但当背景成分比较复杂时,会导致目标图像中存在大量背景杂波,造成检测的虚警率高,且需要分解的数据矩阵尺寸较大,耗时较长,影响了检测速度。

### 1.2.4 DOA 估计现状

从 20 世纪 80 年代第一代(First Generation,1G)移动通信的诞生开始,移动通信深刻改变了人们的沟通方式。面向未来,移动数据流量的爆炸式增长、设备连接数的海量增加、各类新业务和应用场景的不断涌现,将对现有网络产生非常严峻且无法满足的挑战,正是在这样的背景下,第五代(Fifth Generation,5G)移动通信系统应运而生。5G 网络具有更高的速率、更宽的带宽、更高的可靠性、更低的时延,这将提高基于 5G 网络无线定位精度。对于无线定位技术而言,位置参数信息的获取是定位技术的关键,这些参数信息包括波达方向(Direction of Arrival,DOA)、波达时间(Time of Arrival,TOA)、收信能量(Received Signal Strength,RSS)、传播时延等。根据位置参数信息的不同,可将定位算法分为不同的类型,本书关注的是 DOA 估计问题。完成 DOA 估计后,利用多个基站的 DOA 数据,通过三角测量就可以确定目标位置,因此 DOA 估计是基于 DOA 无线定位算法的关键。

DOA 估计指通过空间中能量高度集中的点来获得波达方向的估计值,因此 DOA 估计问题又可称为空间谱估计问题。20 世纪 70 至 80 年代涌现出了很多高精度、高分辨率的谱估计方法,其中具有代表性的便是 Schmidt R.[80-81]提出的多重信号分类方法(Multiple Signal Classification,MUSIC)和 Roy R.等人[82-83]提出的旋转不变信号参数估计方法(Estimating Signal Parameters via Rotational Invariance Techniques,ESPRIT)等子空间类算法。但是相关研究大多针对均匀线阵或面阵等平面阵列,并且需要在快拍数据充足的实验环境下开展,而有关低信噪比、短快拍、三维阵列尤其是共形阵列条件下的研究相对较少,这也是基于 5G 网络进行 DOA 估计所必须解决的问题。近些年来研究者们针对短快拍条件下 DOA 估计问题以及适用于共形阵的 DOA 估计问题提出了很多解决方案,包括对原有子空间类 DOA 估计算法的改良和引入新的理论和技术进行短快拍 DOA 估计,下面将 DOA 估计分为三类进行介绍。

#### 1.2.4.1 短快拍 DOA 估计研究现状

目前,针对短快拍 DOA 估计,主要有两种解决思路,一方面在原有子空间类 DOA

估计算法基础上，通过分析改进协方差矩阵的特征信息，使得这类算法可以被运用到短快拍的环境条件。其代表有 McCloud M.等人[84]提出的扩展子空间 MUSIC 算法（Subspace Scaled MUSIC，SSMUSIC）和 Mestre X.等人[85-86]提出的基于随机矩阵的 MUSIC 算法（G-estimation MUSIC，GMUSIC），这类改良算法主要解决的是短快拍条件下的频谱泄露问题。另一方面，引入了一些新的理论和技术到 DOA 估计上，使其能够解决短快拍条件下的 DOA 估计问题；需要提到的一点是，当快拍数为 1 时，即达到了短快拍条件的极限，协方差矩阵的秩也为 1，此时等效认为信源相干。为了解决在短快拍条件下直接求解数据协方差矩阵造成的缺秩问题，使得传统的子空间类算法能运用到极限快拍数的情况，研究者们做了一些工作。如 Ren Q. S.等人[87]利用单快拍数据，重新构建了伪协方差矩阵，基于 MUSIC 算法实现了单快拍条件下的 DOA 估计。该算法将阵列划分为若干个子阵，利用不同子阵所对应的单快拍样本之间的平滑互相关，重构出一个与样本协方差具有相同范德蒙德性质的伪协方差矩阵，但是其维数相对样本协方差矩阵要小，最后利用快速 Root-MUSIC 算法[88]求解 DOA 的估计值，但是该算法会损失部分孔径。为了解决这个问题，Haardt M.提出了能有效提高阵列孔径的空域平滑（Spatial Smoothing with Improved Aperture，SSIA）算法[89]。该算法为了提高阵列孔径，利用流型矩阵的旋转不变性，对样本数据进行空域平滑，并以此为基础重构出样本数据的增广矩阵，之后利用 ESPRIT 算法[90]进行求解。该算法提高了阵列孔径，实现了短快拍条件下的 DOA 估计，同时对计算复杂度有了一定简化。

近年来，基于稀疏表示[91]（Sparse Representation）和压缩感知[92-94]（Compressed Sensing）的理论被引入 DOA 估计领域。压缩感知也被称为压缩采样，用于获取和重构稀疏可压缩的信号，相比传统算法，在短快拍、低信噪比的条件下展现出了更优越的 DOA 估计性能。Malioutov 等人[95]提出了著名的基于稀疏重构的 DOA 估计方法，称 $l_1$-SVD 算法，其利用信源在空域的稀疏性对阵列接收数据进行稀疏表示，将 DOA 估计问题转化为一个 $l_1$ 范数重构问题，算法中使用了奇异值分解（Singular Value Decomposition，SVD）过程，降低了计算复杂度，可得到比特征子空间类方法更尖锐的谱峰和更高的分辨率，而且可以直接用于相干信号。之后，在压缩感知领域，出现了具有突破性的研究成果，成果展示于文献[96-97]中，主要贡献在于其利用非自适应的投影测量实现了对信号的精确重构，并构建出了稀疏采样-重构的压缩感知框架。为了解决短快拍条件下的 DOA 估计问题，文献[98]首先对压缩感知理论应用到 DOA 估计上进行可行性分析，分析判断出由于信源在整个空域范围内是稀疏的，所以可以利用压缩感知的方法减轻 DOA 估计过程中的偏差，并降低算法对快拍数和信噪比的要求。在此基础上，文献[99]利用基追踪的方法对转化之后的凸优化问题进行求解。为了避免正则化参数选择，文献[100]提出了基于加权子空间拟合的稀疏恢复算法，提高了稀疏类算法在短快拍条件下的估计性能。基于 $l_1$ 范数的稀疏重构算法能得到全局最优解，但是计算负担比较重，且容易受到阵元数和信源数的影响。Wang 等人[101]提出的正交匹配追踪算法（Orthonal Matching Pursuit，OMP）用高斯函数逼近 $l_0$ 范数。相比 $l_1$ 范数重构法来说，OMP 算法的收敛速度更快，但是无法得到全局最优解。

综上所述，虽然近些年学者们提出了很多适用于短快拍条件下的 DOA 估计算法，但大部分算法是通过提高原有子空间类算法的估计性能使其能够适用于短快拍条件而引入的新理论所进行的研究，多是针对线阵、平面阵等相对简单的阵形来开展的，对于共形阵及二维 DOA 的估计研究少有涉及。

### 1.2.4.2 共形阵 DOA 估计研究现状

共形天线阵列可以安装在复杂载体曲面上，其物理性能上相对传统阵列有着诸多优势，包括空气动力学性能优、扫描范围广、雷达散射截面积低等，使得其应用前景较为广阔。传统的 DOA 估计算法不能直接应用于共形天线阵列，这是因为载体的曲率是变化的，加之载体的金属遮挡引起的"阴影效应"，只有部分阵元能够接收信源辐射能量，因而阵列接收的导向矢量是不完整的，直接应用传统的子空间类算法求解显然是不适用的。

为了解决共形阵 DOA 估计遇到的上述问题，提出了具有高分辨率的改进 DOA 估计算法。如文献[102]实现了极化信息和角度信息的去耦合，结合 ESPRIT 算法提出了一种盲的 DOA 估计算法。文献[103-104]利用 MUSIC 算法和子阵分割技术，实现了柱面共形阵的二维 DOA 估计，但是这类估计算法的计算较为复杂。为了降低运算复杂度，以及解决传统阵列的有效孔径会随着工作频率的降低而减小的问题，文献[105]首先利用波束形成器作为预处理，使用二阶锥规划的波束优化方法，提出了一种适用于低频共形阵的 DOA 估计方法，有效提高了运算精度与运算速度。文献[106]在建立柱面共形阵列天线导向矢量模型的基础上，利用加权子空间拟合（Weighted Subspace Fitting，WSF）的方法实现了柱面共形阵的 DOA 估计，证明了其 DOA 估计方差随着信噪比和阵元数的增加逐步趋近克拉美罗界。当空域中的信源相干时，基于特征值分解的子空间类高分辨率 DOA 估计算法会失效，为解决这个问题，文献[107]利用 ESPRIT 算法结合空间平滑方法，将信号协方差矩阵的秩重新恢复到与信源个数相同，从而实现了对锥面共形阵的解相干 DOA 估计。文献[108]利用秩损理论和子空间方法，结合合理的阵元设计，实现了柱面共形阵的 DOA 估计。文献[109]利用空间虚拟内插和 ESPRIT 算法以及求根 MUSIC 算法实现了柱面共形阵的 DOA 估计。该算法在保证了估计精度的同时，省略了空间谱的搜索过程，运算效率较 MUSIC 算法高。文献[110]为了避免接收阵列导向矢量的不完整性，通过对导向矢量的重构，将半球形共形阵变换成矩形阵列和十字形阵列，实现了半球形共形阵的 DOA 估计。而在实际运用中，共形阵的结构并不固定，针对共形阵结构的多变性，文献[111]使用了阵列流型分离技术（Manifold Separation Technique，MST），建立了最佳选择模式数与校准噪声统计量之间的联系，实现了任意阵形条件下的 DOA 估计。文献[112]基于傅里叶域的 Root-MUSIC 算法，将基本的 DOA 估计问题重新表述为等价多项式求根问题，同时应用补零傅里叶变换将求根步骤替换为一个简单的行搜索过程，同样实现了任意阵形结构的 DOA 估计。

综上，近些年来共形阵 DOA 估计的研究成果主要集中在简化阵列模型、传统子空间类算法在不同阵列结构上的应用等方面，这些应用子空间类方法的共形阵 DOA 估计仍旧需要足量的快拍数据才能发挥性能优势，因此如何在短快拍条件下实现共形阵高精度 DOA 估计成为本书的研究重点。

### 1.2.4.3 二维 DOA 估计研究现状

与一维 DOA 估计相比，二维 DOA 估计能够同时获取信源在空间中相对接收阵列的方位角度和俯仰角度，从而可以判断信源在空间中的大致方向，因此受到了研究者的广泛关注。二维 DOA 估计常用的阵列结构有均匀圆阵、均匀矩形阵、双平行线阵、L 形阵、中心对称十字阵等，但是针对共形天线阵列的二维 DOA 估计研究较少。

经典的二维 DOA 估计算法有 2D MUSIC[113]、2D ESPRIT[114]、2D PM[115]（Propagator Method）等。其中，2D MUSIC 算法的主要缺点是二维谱峰搜索的计算量太大，对此蒋弛等人[116]提出了级联 MUSIC 算法，该算法把二维谱峰搜索转化为级联的一维搜索，在保证二维 DOA 估计性能和 2D MUSIC 算法基本保持不变的情况下，有效降低了算法复杂度，减轻了计算负担。2D ESPRIT 算法虽然不需要谱峰搜索的过程便能够求得二维 DOA 估计值的闭式解，但是算法增加了估计值的匹配过程，在估计性能上较 2D MUSIC 还有一定的差距。同样，为了减少计算量，文献[117]在 2D ESPRIT 的基础上，将复数运算转化为实数运算，提出了 2D Unitary ESPRIT 算法，该算法不需要估计值结果的匹配过程，但是估计精度会变差。黄英等人[118]通过改进 2D Unitary ESPRIT 算法提出一种局部搜索的二维 DOA 估计方法，该方法首先利用

Unitary ESPRIT 方法得到 DOA 估计的初始值，再通过一维局部搜索优化 DOA 估计值，改善了 Unitary ESPRIT 算法估计精度差的问题。文献[119]提出了一种基于降维 Capon 的估计方法，该方法在一维谱峰搜索得到第一个参数后利用最小二乘估计得到第二个参数，避免了 Capon 的二维全局搜索，大大减轻了计算负担，而且性能基本与 Capon 方法一致。田正东等人[120]基于子面阵的互相关矩阵，对旋转不变关系矩阵求解得到方位角和俯仰角的估计值。该算法避免了特征值分解从而减少了计算量，并且提高了阵列接收数据的利用效率和算法的稳定性。文献[121]通过对噪声子空间的降维减少谱峰搜索的次数，接着用降维噪声子空间与导向矢量及其共轭的双正交性进行 DOA 估计，提出了快速 DOA 估计算法，该算法对噪声子空间进行降维操作，缩小了谱峰搜索范围，从而大大减少了运算量。

针对信源相干情况下的 DOA 估计，首先提出了空域平滑算法[122]（Spatial Smoothing，SS）来解决一维的 DOA 估计，后续提出了一些改进算法将其应用于相干信号的二维 DOA 估计上。文献[123]通过构建平滑矩阵实现了解相干，但是该算法只能处理两个相干信号，实际应用环境受限，针对此问题，文献[124]通过选取 $2K-1$ 个子阵构造平滑矩阵，从而可以处理 $K$ 个信号。Han 等人[125]提出了 ESPRIT-Like 算法，该算法把信号协方差矩阵重构成 Toeplitz 矩阵，而 Toeplitz 矩阵的秩不受信号相干性影响，解决了信号相干的问题，但是仍需进行特征分解获得 DOA 估计值。为了减轻特征分解对算法本身造成的负担，文献[126]结合传播算子方法提出一种改进的 ESPRIT-Like 算法，省略了特征分解的过程，但是算法需要在较高的信噪比条件下才能得到误差较小的 DOA 估计值。Wen 等人[127]把张量技术应用到传统的 MODE（Method of Direction Estimation）算法中，获得了很好的渐进性能，但在低信噪比条件下，算法的估计误差偏大。文献[128]同样为了提高渐进性，在文献[127]的基础上加入高阶奇异值分解，获得了运算更为高效的渐进性能。Yao 等人[129]基于退化加权子空间拟合技术将 MODE 算法扩展到二维 DOA 估计，且不需要空域平滑就能处理相干信号，避免了阵列孔径的损失。

近年来，研究者们开始将稀疏重构算法用于二维 DOA 估计。文献[130]提出一种基于空间角稀疏表示（Sparse Representation of Space Angle，SRSA）的二维 DOA 估计方法，首先通过角度解耦合把二维冗余字典降低到一维，之后利用信源能量来对对应的二维 DOA 进行匹配。文献[131]基于角度分离的稀疏表示，在快拍数为 1 的情况下也能进行有效的二维 DOA 估计，但是该方法把观测矩阵划分为两个子矩阵，双重求解增大了算法计算量，同时在低信噪比条件下估计性能较差。文献[132]把 L1-SVD

算法推广到二维 DOA 估计，提出了 2D L1-SVD 算法，该算法为了降低冗余字典的长度，需要求解两个连续的 $l_1$ 范数稀疏重构问题，运算负担依旧很大。

综上所述，目前关于二维 DOA 估计的研究大都集中在如何改进一维 DOA 估计算法使其应用到二维 DOA 估计上，以及引入新的理论技术满足二维 DOA 估计算法对估计精度和分辨概率的要求。现有的稀疏重构算法在短快拍以及低信噪比的条件下，表现性能优越，不足之处在于计算量相对较大，因此接下来的研究方向在于如何降低算法复杂度并扩展其应用范围，以满足快拍数据不足并且实时性要求比较高的应用场景。

## 1.3 本书内容与结构安排

### 1.3.1 主要内容

本书以无人机在物流运输、交通监控、灾害监测等城市领域的自主飞行任务为应用背景，重点对城市无人机自主飞行过程中涉及的无线定位和目标识别技术进行研究，主要研究内容包括：

1. 融合多层深度特征的判别式相关滤波跟踪

针对采用深度特征的判别式相关滤波（Discriminative Correlation Filter，DCF）跟踪存在的特征维度较高、计算过程复杂的问题，提出了一种新的基于 DCF 的多特征融合框架，以充分利用多层深度特征的表达能力。在训练阶段，以上一帧的目标位置和大小为基准，分别提取图像灰度、HOG、CN 等手工特征，以及由 VGG 网络所提取的多层深度特征，之后进行深度特征降采样，并按一定比率对深度特征通道进行压缩，降低深度特征通道数目，并针对不同特征分别训练滤波器。在跟踪阶段，进行多尺度的目标特征提取。与传统多特征融合方法不同，这里仅在多尺度层上提取手工特征，在上一帧的尺度上提取多层深度特征。将单一尺度深度特征的跟踪结果分别与多尺度手工特征的跟踪结果进行叠加。将上述特征融合框架与 LADCF 算法相结合，提出了多特征融合的 LADCF 算法。由于对深度特征进行了下采样和通道压缩，同时仅在一个尺度层上提取深度特征，该特征融合机制可有效降低算法的计算复杂度。

2. 融合深度信息的长期目标跟踪方法

针对传统判别式相关滤波（DCF）视觉目标跟踪算法存在的精度、速度不平衡和遮挡时容易丢失目标的问题，本书将目标深度信息融入 DCF 方法，设计了一种基于深度-DCF（D-DCF）长期目标跟踪框架。主要改进包括：（1）采用激光测距仪量测当前帧目标深度信息,而后基于恒定加速度(Constant Acceleration,CA)模型,预测下一帧目标深度;(2)利用预测深度构建目标位置置信度判别式,判断是否更新目标和修正预测位置,提高跟踪准确性;(3)引入基于预测深度的自适应尺度因子,降低尺度滤波层级,提高尺度精确性和算法实时性。

3. 基于 MobileNet V2 和 SSD 的目标检测算法及跟踪系统设计

针对传统 SSD 算法计算复杂度高、小目标检测能力弱的问题,以基于回归卷积神经网络的目标检测框架 SSD 为基础,通过采用 MobileNet V2 作为骨干网和特征迁移,增强对小目标的检测能力,并对网络结构进行优化和调整,降低网络冗余,提升检测速度。同时,将 MobileNet V2-SSD 应用于实际的跟踪系统,实现了目标的快速跟踪。

4. 基于局部对比度和 IPI 模型的红外小目标检测

针对复杂背景下红外小目标检测虚警率高、检测速度慢的问题,以红外块图像(Infrared Patch-image,IPI)模型为基础,受 R-CNN 算法利用区域建议网络进行候选框筛选的启发,提出了一种基于图像对比度的区域建议块图像(Region Proposal Patch-image,RPPI)模型。RPPI 模型与 IPI 模型相比主要有以下两点改进:(1)根据红外目标的先验信息,计算原始块图像局部灰度对比度,利用对比度对原图像进行阈值分割,得到比 IPI 模型块图像尺寸更小的预选目标块图像,降低矩阵维度,从而减少了从低秩矩阵恢复稀疏矩阵的时间,进而提升了检测速度;(2)由于预选目标块图像中平滑的背景信息减少,引入加权核范数以更好地描述背景的低秩特性,减少背景边缘和高亮区域干扰,并给出了相应优化求解算法。由于对原始红外块图像进行了筛选,同时引入了加权核范数,该方法可有效提高红外检测的速度,降低虚警率。

5. 短快拍条件下共形阵 DOA 估计

(1)针对均匀圆阵二维 DOA 估计提出了 UCA-IAA 算法,在短快拍条件下,该算法相比传统的子空间类算法性能更高。该算法利用上一次循环获取的谱估计结果构建信号协方差矩阵,然后将信号协方差矩阵求逆作为加权矩阵代入加权最小二乘法求解,最后利用求得的结果再去更新信号能量谱,接着进入下一次迭代,直至迭代收敛,获得谱峰对应二维 DOA 估计值。该算法每次迭代时都充分利用了上一次的谱估计信息,从而省略了对阵列接收数据协方差矩阵的操作,降低了计算负担,避免了因快拍数据获取不足导致的估计误差,因此保证了 UCA-IAA 算法在短快拍条件下的估计性能。从仿真结果上看,所提算法在短快拍条件下,在估计精度、分辨能力方面明显优于 UCA-RB-MUSIC、UCA-L1 算法,确保了 UCA-IAA 算法在短快拍条件下的估计精度。

（2）基于欧拉旋转变换以及信源在空域的稀疏性提出了 CYCA-IAA 算法，有效解决了柱面共形阵在短快拍条件下的二维 DOA 估计问题。该算法利用欧拉旋转变换构建了柱面共形阵接收数据模型，并将其稀疏表示，联合信号协方差矩阵构建自适应滤波器，使得真实信源的角度分量无失真地通过，同时抑制了空域中其他不存在信源位置的噪声；此外，通过循环迭代更新优化滤波器的结构，抑制频谱泄露，最终获取扫描空间中所有信号源的空间谱，确定入射信号源的二维 DOA 估计值，提高了算法精度。

（3）从锥面共形阵的角度出发，并基于协方差矩阵稀疏求解提出了 COCA-SPICE 算法，对比角度分离表示的稀疏表示方法、基于四元数的 MUSIC 算法进行了仿真实验。结果表明 COCA-SPICE 算法在估计精度、分辨能力、对噪声的抑制等方面优于其他两种算法，这是因为该算法充分利用了协方差矩阵的稀疏性，把协方差拟合问题转化为 $l_1$ 范数线性约束优化问题，从而提高算法对低信噪比环境下的适应性，同时用循环最小化方法求解 $l_1$ 范数优化问题，这样既保证了求解结果的全局最优，并且进一步减小了计算负担。

### 1.3.2 结构安排

本书内容共分为 10 章，具体章节安排如下：

第 1 章：绪论。首先，介绍了本书的研究背景与意义；然后，对相关领域研究现状进行了归纳总结，包括视觉目标检测现状、视觉目标跟踪现状、红外小目标检测现状以及 DOA 估计现状等；最后，给出了本书的主要内容和章节安排。

第 2 章：融合多层深度特征的相关滤波跟踪。首先，介绍了 LADCF 算法的工作原理；然后，给出了多层深度特征与手工特征的融合机制；最后，对实验结果进行了分析，并对本章进行了小结。

第 3 章：融合深度信息的长期目标跟踪框架。首先，介绍了 DSST 算法的工作原理；然后，给出了融合深度信息的相关滤波跟踪框架；最后，对实验结果进行了分析，并对本章进行了小结。

第 4 章：基于 MobileNet V2 和 SSD 的目标检测。首先，介绍了 MobileNet V2 网络和 SSD 算法的工作原理，介绍了利用迁移学习进行 MobileNet-SSD 算法训练的方法；然后，进行了跟踪系统设计与测试，对本章算法进行了检验；最后，对本章进行了小结。

第 5 章：基于局部对比度和 IPI 模型的红外目标检测。首先，介绍了 IPI 模型的工作原理；然后，给出了基于局部对比度的预选块图像模型，以及 WNNM-APG 优化算法；最后，对实验结果进行了分析，并对本章进行了小结。

第 6 章：DOA 估计基础理论。首先，介绍了 DOA 估计的信号模型、基本假设和阵列接收信号模型；然后，介绍了经典 DOA 估计的算法原理；最后，进行了 MUSIC 算法对信号 DOA 的性能仿真实验，分析了快拍数变化对 MUSIC 算法的影响。

第 7 章：基于均匀圆阵的二维 DOA 估计。首先，介绍了均匀圆阵接收信号模型；然后，给出了 UCA-IAA 算法的模型和流程；最后，进行了仿真分析，对上述算法进行了验证。

第 8 章：基于柱面共形阵的二维 DOA 估计。首先，介绍了柱面共形阵接收数据模型；然后，给出了 CYCA-IAA 算法的模型和流程；最后，进行了仿真分析，对上述算法进行了验证。

第 9 章：基于锥面共形阵的二维 DOA 估计。首先，介绍了锥面共形阵接收数据模型；然后，给出了 COCA-SPICE 算法的模型和流程；最后，进行了仿真分析，对上述算法进行了验证。

第 10 章：总结与展望。对全书进行了总结，给出了本书的主要工作，存在的问题与不足，对未来工作进行了展望。

# 第 2 章　融合多层深度特征的相关滤波跟踪

## 2.1 引言

视觉目标跟踪在智能交通监控、无人机导航、导弹制导等许多领域具有广泛的应用。虽然视觉目标跟踪算法取得了巨大的进步，但面对日益复杂的应用环境，以及目标本身由于光照和尺度变化、遮挡、变形等因素的影响，视觉目标跟踪问题仍面临巨大挑战。基于判别式相关滤波器 DCF 的目标跟踪算法，整体框架简单，可融合多种特征进行目标表示，运行速度快，鲁棒性高，获得了广泛的应用。

目前基于相关滤波器的目标跟踪逐渐发展为视觉目标跟踪领域中的主流方向之一。为了提升算法鲁棒性，基于 DCF 的目标跟踪算法不仅采用图像灰度、HOG 特征、CN 特征、颜色直方图等手工特征，还采用卷积神经网络所提取的深度特征等。如 STRCF 算法[133]和 LADCF 算法[134]，二者均在相关滤波框架内，引入时间正则化项，但与 STRCF 算法相比，LADCF 进一步将稀疏学习引入相关滤波器学习，实现了特征的时间一致性保持和空间的自动选择，将手工特征与深度特征相融合，极大地提高了算法的鲁棒性。

由于深度特征的维度较高，计算过程复杂，再加上耗时的多尺度搜索策略，导致该类算法运行速度较慢。针对上述问题，本章以 LADCF 算法为基础，通过特征筛选，实现尺度空间和特征维度空间的降维，在经过降维的尺度和特征上进行滤波器学习，降低相关滤波器的学习的复杂度，实现滤波器的快速学习和跟踪。

## 2.2 LADCF 算法简介

本节简要介绍 LADCF 算法的基本原理，关于该算法的详细介绍，请参考文献[134]。

假定初始帧为 $n \times n$ 大小的图像 $\boldsymbol{x} \in \mathbf{R}^{n^2}$，称为基样本，其中 $n^2 = n \times n$。基样本的循环矩阵指由将基样本展平后循环移位得到的矩阵 $\boldsymbol{X}^{\mathrm{T}} = \left[ x_1, x_2, \cdots, x_{n^2} \right]^{\mathrm{T}} \in \mathbf{R}^{n^2 \times n^2}$。$\boldsymbol{y} = \left[ y_1, y_2, \cdots, y_{n^2} \right]$ 表示循环矩阵对应的回归标签。DCF 方法的主要目的是学习一个分

类函数 $f(x_i;\theta)=\theta^T x_i$，将目标从背景中检测出来，其中 $\theta$ 为分类器系数，表示通过 DCF 方法学习的目标模型。DCF 方法采用循环矩阵理论扩充样本集，同时利用循环矩阵可通过离散傅里叶变换转换成对角矩阵的优势，在频域加快分类器的训练，将分类问题转换为频域滤波问题：

$$f(X;\theta) = \theta^T X = \theta * x = F^{-1}(\hat{\theta} \cdot \hat{x}^*) \tag{2-1}$$

式中，$*$ 表示循环卷积运算，$\cdot$ 表示元素点乘，$F^{-1}$ 表示离散傅里叶逆变换，$\hat{x}^*$ 表示 $\hat{x}$ 在频域的复共轭，$\hat{x}$ 表示基样本 $x$ 的傅里叶变换，$\hat{x}=F(x)$。

公式（2-1）为 DCF 类算法所要求取的目标函数，为了求解该分类器，进而利用其对目标位置进行估计，从流程上来看，DCF 类算法为主要分为两个阶段。第一个为跟踪阶段：给定由上一帧求解的模型参数 $\theta_{\text{model}}$ 后，对于当前帧 $I$，最优的目标位置估计为

$$x_* = \arg\max_{x_i} f(x_i;\theta_{\text{model}}) \tag{2-2}$$

式中，候选样本 $x_i$ 由基样本循环移位得到，基样本 $x_0$ 以上一帧跟踪位置为中心，通过特征提取得到。上式所示跟踪结果可在频域快速计算。

DCF 类算法的第二个阶段为训练阶段：需要利用当前帧的跟踪结果，通过最小化正则化损失函数，学习新的模型参数：

$$\theta_* = \arg\min_{\theta} \|\theta X^T - y\|_2^2 + \lambda \|\theta\|_2^2 \tag{2-3}$$

式中，$\|\theta X^T - y\|_2^2$ 表示目标函数，$\|\theta\|_2^2$ 表示正则化项，$\lambda$ 为正则化参数。由上式可知，在传统的 DCF 框架中，采用二次函数作为损失函数，并采用 L2 正则化，即正则化最小二乘，也称为岭回归。对于当前帧，利用公式（2-3）可学习新的分类器系数 $\theta_*$，并采用固定学习率 $\alpha \in [0,1]$，更新目标模型：

$$\theta_{\text{model}} = (1-\alpha)\theta_{\text{model}} + \alpha\theta_* \tag{2-4}$$

上述即为传统 DCF 算法的一般框架，在模型训练过程中所有计算均在频域进行，由于快速 FFT 算法存在周期性，导致 DCF 算法存在明显的边缘效应，同时跟踪模型随着时间误差会不断累积。为了处理这些问题，Xu 等人引入自适应特征选择机制和时间一致性约束，完善 DCF 模型，得到下式所示优化模型：

$$\theta_* = \arg\min_{\theta} \|\theta * x - y\|_2^2 + \lambda_1 \|\theta\|_1 + \lambda_2 \|\theta - \theta_{\text{model}}\|_2^2 \tag{2-5}$$

该模型与公式（2-3）所示模型相比，正则化项由 $l_2$ 范数变为 $l_1$ 范数，并增加了关于历史模型 $\theta_{\text{model}}$ 的时间一致性约束项。与 $l_2$ 范数相比，$l_1$ 学习称为稀疏学习，通过 $l_1$ 范数可得到更加稀疏的特征。因此通过 $l_1$ 范数正则化项可对候选特征施加稀疏性约束，对候选特征进行筛选。第 2 项为时间一致性约束项，为当前帧模型参数与上一帧模型参数之差的 $l_2$ 范数，在学习过程中，通过该项对模型的剧烈变化进行惩罚，保持当前模型与历史模型的一致性，降低滤波器的随时间的累积误差，避免滤波器退化。公式（2-5）同时包括 $l_2$ 范数和 $l_1$ 范数，不能够直接获得解析解，为此 Xu 等人通过增广拉格朗日乘子法迭代求解。

此外，在分类器训练和目标跟踪时，LADCF 算法采用了多种特征提取方法，构造目标表观模型，包括图像灰度、HOG 特征、CN 色彩特征等手工特征以及由预训练卷积神经网络所提取的深度特征等。LADCF 算法的运行流程如图 2-1 所示。

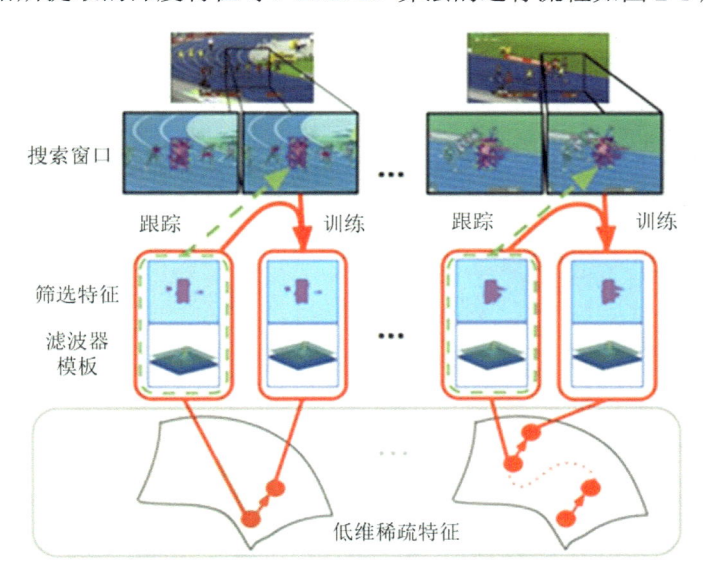

**图 2-1　LADCF 算法运行流程**

为了保证算法对目标尺度变化的鲁棒性，LADCF 算法通过构造尺度金字塔，在不同尺度上同时估计目标位置和大小。因此需在多个尺度层进行特征提取、分类器训练和目标预测，并在多个尺度层级上进行非极大值抑制，从而获得最终的跟踪结果，如图 2-2 所示。不同大小的尺度层通过原图像进行插值获得。尺度层级越多，算法对目标尺度变化的鲁棒性和跟踪精度越高，但是随着尺度层级的增多，算法的计算复杂度也会逐渐增多。

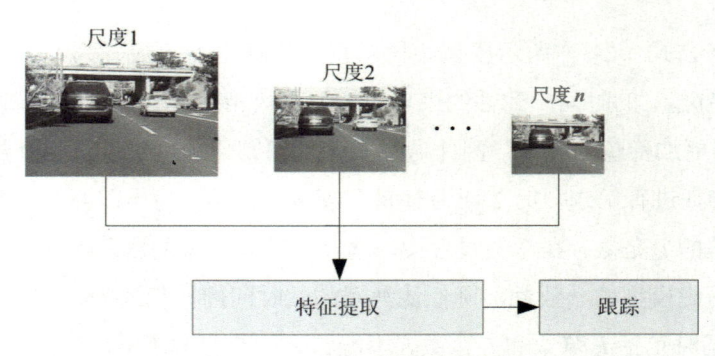

图 2-2 尺度层级提取机制

LADCF 算法将图像灰度、HOG、CN 等手工特征以及深度特征在深度方向进行级联拼接，具体如图 2-3 所示。全部特征包括两个通道，其中通道 1 为手工特征，通道 2 为深度特征。以 432×576×3 的图像为例，LADCF 算法的手工特征为[48,48,42,3]的张量，以预训练 VGG 网络为例，其第 10 层所提取的深度特征为[12,12,512,3]的张量，张量的通道分别为[width,height,channels,scales]。

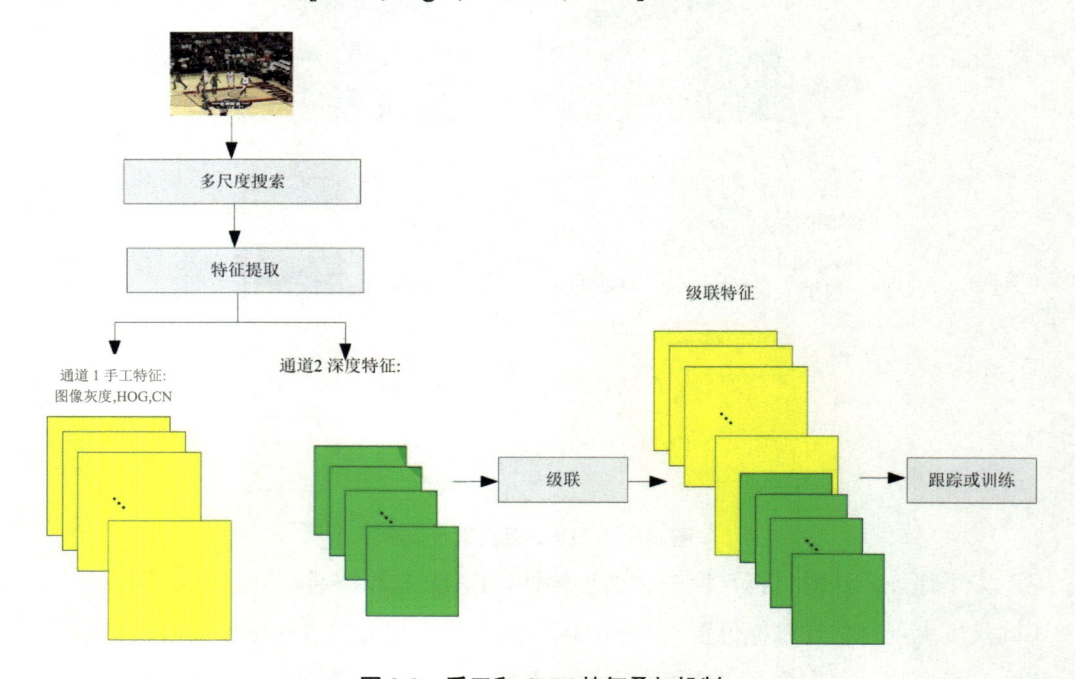

图 2-3 手工和 CNN 特征叠加机制

所有级联的特征用于分类器的训练，构造目标的表观模型。因此 LADCF 所求解的分类器也是多通道分类器，其大小与级联特征大小一致。即 LADCF 算法的每个通道分别训练不同的分类器。假定 $\theta_{\text{model}}^{i,j}$ 表示分类器模型参数的第 $i$ 个通道的第 $j$ 个分量，在进行目标预测时，对于每个通道直接将相应的特征层与对应的模型参数在频域相乘，然后在深度方向进行求和。对于不同大小的特征图，将不同的预测结果变换至同一分辨率。

LADCF 算法采用了 CNN 深度特征，CNN 特征通过将待跟踪图像输入预训练 CNN 网络获得，但仅利用了其中一个卷积层的输出。经过多层网络传输后，所提取的深度特征高度抽象，无法反映目标纹理边缘等浅层特征。

## 2.3 多层深度特征融合机制

如前所述，LADCF 等判别式相关滤波类算法将深度特征与相关滤波结合，算法的性能得到较大提升，但由于进行多尺度搜索和深度特征提取，导致算法的复杂度较高。CNN 等深度特征通过将候选样本输入预训练 CNN 网络获得，由于深度特征的维度很高，因此通常仅采中间一层或最后卷积层的输出作为候选目标的深度特征表示。根据数据流传输方向，深度特征可分为浅层特征、中层特征和深层特征。在 CNN 网络由浅层向深层传播时，特征分辨率逐渐降低，浅层特征分辨率高，包含更多细节信息，而深层特征分辨率较低，图像细节信息较少，图像语义层级的信息更多。例如，浅层特征反映目标的边缘、纹理等信息，中层特征和高层特征是对目标浅层特征的进一步抽象，例如反映了目标轮廓、类别、位置信息等。不同层次特征的表达能力不同，因此如果仅利用其中一层特征，显然无法充分利用深度特征的优势。为此，为了提升 DCF 算法的性能，充分利用多层神经网络特征不同层的表达能力，这里将多层 CNN 特征引入 LADCF 算法框架。多层深度特征与单层特征相比，特征表达能力更强，但是特征维度更高，特别是在多尺度搜索时，会导致算法运行速度很慢。为此这里提出一种新的多特征融合框架，以提高不同特征融合时的计算效率。

### 2.3.1 训练阶段

这里将目标跟踪分为分类器训练和跟踪两个阶段，在分类器训练阶段，该特征融合机制的流程如图 2-4 所示。

与图 2-3 所示多特征提取方法不同，这里采用了 3 层深度特征，以 VGG16 网络为例，这里使用了第 4、第 7 和第 10 卷积层的输出，对 201×201 大小的图像而言，其输出的深度特征分别是 49×49×96、24×24×256、12×12×512 的三维张量。如果直接将多层的深度特征进行滤波器训练，显然将会导致多通道的分类器本身维度较高。为此，这里分别对第 4 和第 7 层的深度特征，即图 2-4 所示通道 2 和通道 3 的深度特征进行最大池化，将原深度特征分辨率降低至与通道 4 深度特征相同。这样，通道 2 和通道 3 的深度特征将会被压缩，维度将会变为原来的 1/16 和 1/4。最大池化是卷积神经网络训练过程中常用的缩减网络规模、提高运算速度的手段，同时可提高网络的鲁棒性。

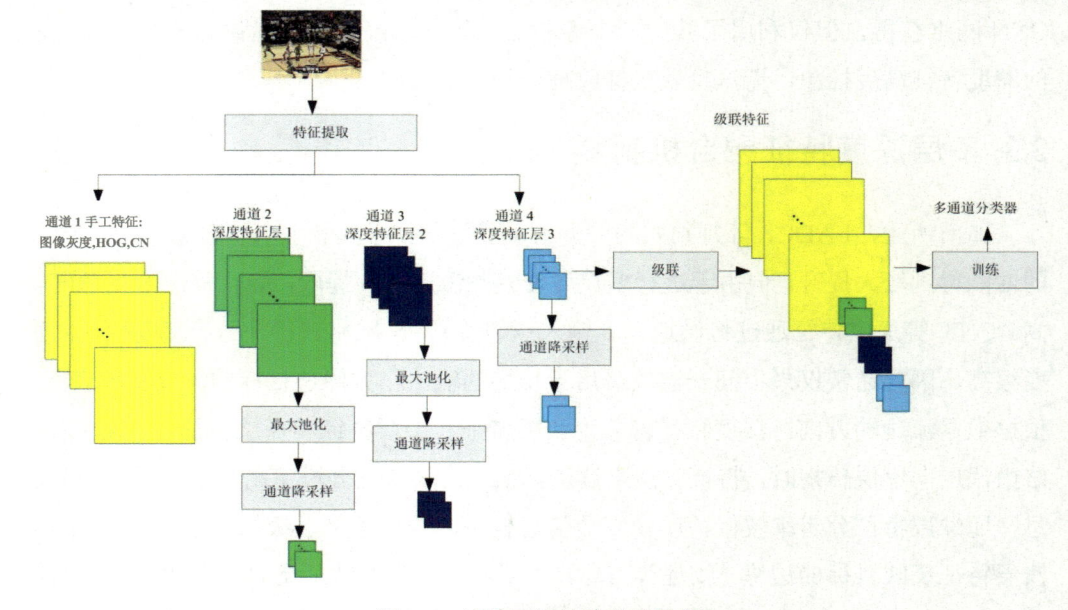

**图 2-4　滤波器训练阶段流程图**

通过最大池化将深度特征在宽度和高度方向进行压缩后，深度特征通道数目仍是 96、256、512。LADCF 算法使用稀疏学习（即 $l_1$ 范数）提出了自适应特征筛选机制，在滤波器学习过程中，仅有 5%的手工特征和 20%的深度学习特征被保留，其余特征被特征筛选机制滤除。但与采用全部特征相比，取得了更好的跟踪效果，特别是对于处理空间边缘效应和背景混叠。这表明 LADCF、ECO、COT 等经典算法所使用的图像灰度、HOG、CN 以及 CNN 特征等存在较大冗余。特征冗余不仅导致算法的计算复杂度增大，还有可能使算法的性能降低。特别是多通道的深度特征，临近通道的特征具有较强的相似性。

因此，这里通过对多通道深度特征进行通道压缩，以进一步降低特征维度。这里选取了三种通道压缩方法，第一种进行多通道间的最大池化，第二种进行多通道间的最小池化，第三种从多通道特征种等间隔采样一定特征。通过实验发现，第三种方法不仅简单，而且运行效果较好，因此这里采用第三种方法进行通道压缩。分别对 VGG16 网络的第 4、第 7 和第 10 卷积层的输出进行等间隔通道降采样，降采样比率设定为 8、16、32，即通道数目越多，通道压缩比率越高，经过通道等间隔采样后，通道数目变为 12、16 和 16。因此经过以上处理后，深度特征变为 12×12×8、12×12×16、12×12×16，与原深度特征相比，特征的维度被极大地降低，分别变为原来的 1/128、1/64 和 1/16。

### 2.3.2 跟踪阶段

在跟踪阶段，为了实现对目标尺度变化的适应性，通常需要进行如图 2-2 所示的多尺度搜索，即在不同尺度上提取特征。但由于深度特征提取复杂度较高，在多尺度上提取将极大降低跟踪算法的运行速度。而直接降低尺度空间搜索的层数或者不采用尺度搜索策略，虽然可以提高算法的速度，但算法的鲁棒性也将降低。

为此，在跟踪阶段，这里提出了一种新的多尺度搜索机制，整体运行流程如图 2-5 所示。

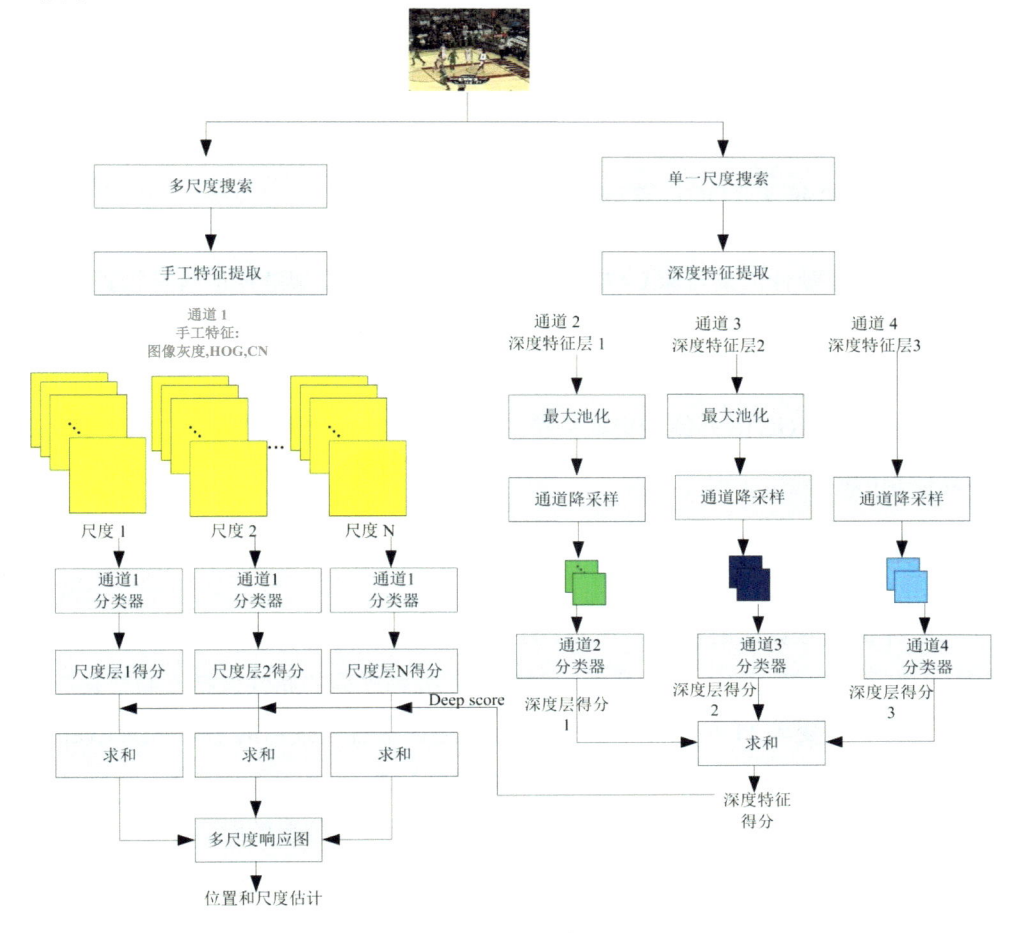

图 2-5 滤波器跟踪阶段流程图

由图 2-5 可知，在跟踪阶段手工特征提取和深度特征提取分为两个独立的分支。对于手工特征，在多个不同尺度上分别提取图像灰度、HOG 和 CN 等手工特征，并将不同分辨率的特征图调整至图像原始分辨率。将每个尺度的特征作为独立的通道，用图 2-4 所训练的分类器进行分类，得到不同尺度上的分类得分 Scale 1 score，…，Scale $N$ score。对于深度特征提取分支，仅在上一帧估计的最优尺度上进行特征提取，将不同层的深度特征分别用其对应的分类器系数进行分类，得到不同通道深度特征的得分，并在深度方向上将所有得分进行求和，得到深度特征对应的得分 Deep score。将深度特征所对应的得分 Deep score 分别与不同尺度的得分 Scale 1 score，…，Scale $N$ score 进行加权求和。权重系数初始值为 1，随目标在相邻两帧图像中的大小变化而变化。通过图 2-5 所示的多通道特征融合方法，将深度特征估计的目标位置得分与多尺度手工特征得分相加，一方面通过手工特征的多尺度搜索，可保证算法对尺度变化的鲁棒性；另一方面在最终求解目标位置和尺度时，采用了深度特征，提高了算法的鲁棒性。同时，由于深度特征提取仅在单一尺度上进行，可降低深度特征提取的时间，提高算法的运行速度。

### 2.3.3 多通道特征 LADCF 算法

将上述特征融合框架与原 LADCF 算法相结合，用该框架替换原有特征提取方法，即可得到多通道特征融合的 LADCF 算法（LADCF_DMC），该算法同时采用手工特征和多层深度特征用于目标描述。手工特征采用图像灰度、HOG 特征和 CN 特征，深度特征采用由 VGG16 网络所提取的第 4、第 7 和第 10 卷积层特征，其余参数设置与原算法相同。

## 2.4 实验结果分析

为了评估跟踪算法的性能，在 OTB100 数据集上对跟踪算法的性能进行测试。OTB100 数据集包括 100 个已标注的视频序列，视频序列的属性包括光照变化、尺度变化、遮挡、畸变等 11 种[135]。采用 OTB100 测试平台所采用的 One Pass Evaluation（OPE）测试方法来评估算法性能。OPE 测试包括 Precision plots 和 Success plots 两种评价曲线。Precision plots 表示目标预测位置与目标真实位置的距离小于一定阈值的百分比，本质上是目标的中心定位误差，无法反映目标的尺度和大小是否变化。而 Success plots 表示在目标预测框与真实框的重叠率大于给定阈值的跟踪帧数百分比，本质上表征的是重叠率得分，不仅能够反映目标跟踪结果位置的差别，还能够反映目标尺度和大小变化，因此 Success plots 曲线更能够反映跟踪算法的性能。这里采用曲线下面积（Area Under Curve，AUC，Success plots 曲线下面积）、重叠率精度（Overlap Precision，OP，重叠率超过 50% 的百分比）、距离精度（Distance Precision，DP，位置误差在 20 像素以内的百分比）等指标衡量算法性能。采用帧速率（Frames Per Second，FPS）来评价算法的运行速度。

为了准确评价 LADCF_DMC 算法的性能，这里在 OTB100 框架内，将本书所提方法与多种典型的 DCF 类算法进行对比，包括原 LADCF 算法[134]、ECO 算法[50]、STRCF 算法[133]、STAPLE 算法[44]、DCF 算法[37]等，其中 STAPLE 算法和 DCF 算法仅采用了手工特征[46]，其他算法不仅考虑了手工特征，还采用了深度特征。为了评估的公平性，上述算法（采用深度特征的 LADCF 算法 LADCF_DEEP 除外）采用由对比算法作者最初始公开的源代码，所有参数采用默认设置。由于 LADCF_DEEP 算法源码未公开，这里以采用手工特征的 LADCF 算法和采用深度特征的 STRCF 为参考，实现了 LADCF_DEEP 算法。本书中的 LADCF_DMC 算法以此为基础改进获得，因此在将二者的性能进行对比是合理的，能够反映出算法性能的变化趋势。对比算法的详细说明如表 2-1 所示。

表 2-1　实验方法说明

| 算法 | 说明 |
| --- | --- |
| LADCF_DMC | 本书方法 |
| LADCF_DEEP | 采用手工特征+单层深度特征的原 LADCF 算法 |
| ECO_HC | 采用手工特征的原 ECO 算法 |
| ECO_DEEP | 采用深度特征的原 ECO 算法 |
| STRCF_DEEP | 采用深度特征的原 STRCF 算法 |
| STABLE_CA | 上下文感知 STABLE 算法 |
| DCF_CA | 上下文感知 KCF 算法 |

实验环境：表 2-1 所示对比算法采用 MATLAB 实现，实验平台为台式计算机，采用 Win7 64 位操作系统，硬件配置为：处理器 Intel i5-7400 3 GHz、内存 16 GB、显卡 NVIDIA GT730（2 GB 显存）等。

根据以上实验设置，进行算法性能测试实验，由此得到的精度图（Precision plots of OPE）和成功率图（Success plots of OPE）如图 2-6 所示，图中标签标识了每种算法及其对应的 DP 和 AUC 得分。由图 2-6 的实验结果可知，本书算法的 DP 得分为 0.806，AUC 得分为 0.666，与原 LADCF_DEEP 算法相比，本书所提算法 LADCF_DMC 无论是 DP 得分，还是 AUC 得分均高于原 LADCF 算法，取得了更好的实验效果。与其他典型 DCF 类算法相比，本书算法的 DP 和 AUC 得分，在所有对比方法中排名第二，低于采用深度特征的 ECO 算法（ECO_DEEP），但高于其他所有算法，详细对比实验数据如表 2-2 所示。

（a）Precision Plots　　　　　　（b）Success Plots

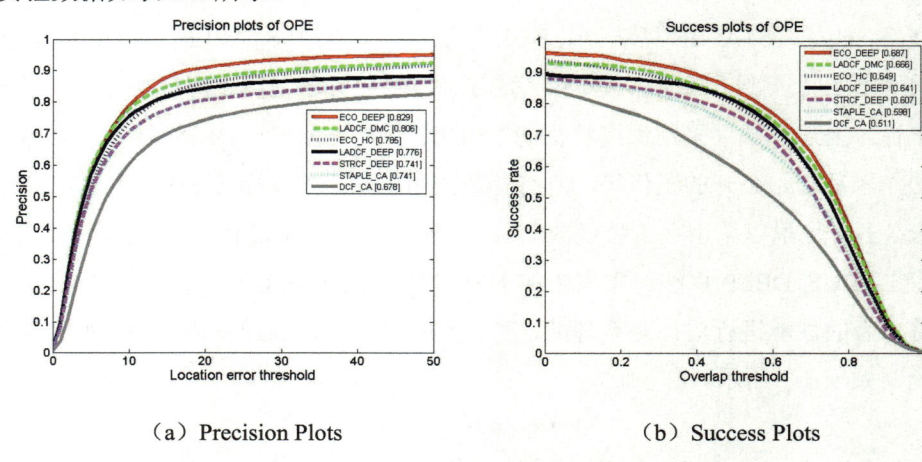

图 2-6　OTB100 数据集实验结果

表 2-2　DP 和 AUC 得分

|  | LADCF_DEEP | ECO_HC | ECO_DEEP |
| --- | --- | --- | --- |
| DP | 3.7% | 2.7% | −2.9% |
| AUC | 3.9% | 2.6% | −3.2% |
|  | STRCF_DEEP | STABLE_CA | DCF_CA |
| DP | 8.8% | 8.8% | 18.9% |
| AUC | 3.9% | 11.4% | 30.3% |

图 2-7 所示为 11 种不同属性下的成功率图。在遮挡和背景混叠属性测试时，算法性能低于 ECO_DEEP、ECO_HC，在其余分属性测试时，算法性能仅低于 ECO_DEEP，但在所有的属性测试下，均高于 LADCF_DEEP 算法。

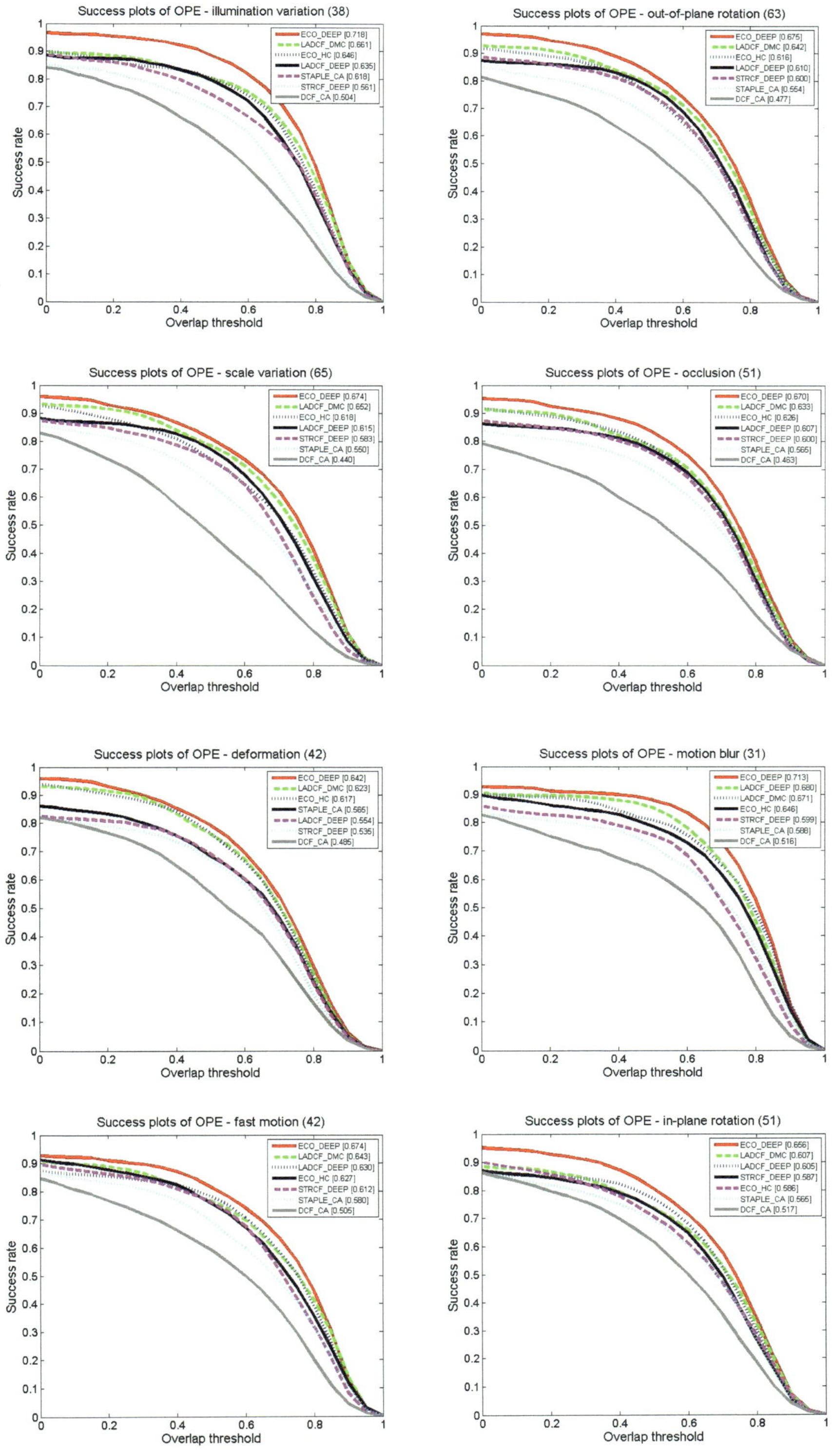
Success plots of OPE - illumination variation (38)
ECO_DEEP [0.718]
LADCF_DMC [0.661]
ECO_HC [0.646]
LADCF_DEEP [0.635]
STAPLE_CA [0.618]
STRCF_DEEP [0.561]
DCF_CA [0.504]
Success plots of OPE - out-of-plane rotation (63)
ECO_DEEP [0.675]
LADCF_DMC [0.642]
ECO_HC [0.616]
LADCF_DEEP [0.610]
STRCF_DEEP [0.600]
STAPLE_CA [0.554]
DCF_CA [0.477]
Success plots of OPE - scale variation (65)
ECO_DEEP [0.674]
LADCF_DMC [0.652]
ECO_HC [0.618]
LADCF_DEEP [0.615]
STRCF_DEEP [0.583]
STAPLE_CA [0.550]
DCF_CA [0.440]
Success plots of OPE - occlusion (51)
ECO_DEEP [0.670]
LADCF_DMC [0.633]
ECO_HC [0.626]
LADCF_DEEP [0.607]
STRCF_DEEP [0.600]
STAPLE_CA [0.565]
DCF_CA [0.463]
Success plots of OPE - deformation (42)
ECO_DEEP [0.642]
LADCF_DMC [0.623]
ECO_HC [0.617]
STAPLE_CA [0.565]
LADCF_DEEP [0.554]
STRCF_DEEP [0.535]
DCF_CA [0.485]
Success plots of OPE - motion blur (31)
ECO_DEEP [0.713]
LADCF_DEEP [0.680]
LADCF_DMC [0.671]
ECO_HC [0.646]
STRCF_DEEP [0.599]
STAPLE_CA [0.588]
DCF_CA [0.516]
Success plots of OPE - fast motion (42)
ECO_DEEP [0.674]
LADCF_DMC [0.643]
LADCF_DEEP [0.630]
ECO_HC [0.627]
STRCF_DEEP [0.612]
STAPLE_CA [0.580]
DCF_CA [0.505]
Success plots of OPE - in-plane rotation (51)
ECO_DEEP [0.656]
LADCF_DMC [0.607]
LADCF_DEEP [0.605]
STRCF_DEEP [0.587]
ECO_HC [0.586]
STAPLE_CA [0.565]
DCF_CA [0.517]
Success rate
Overlap threshold

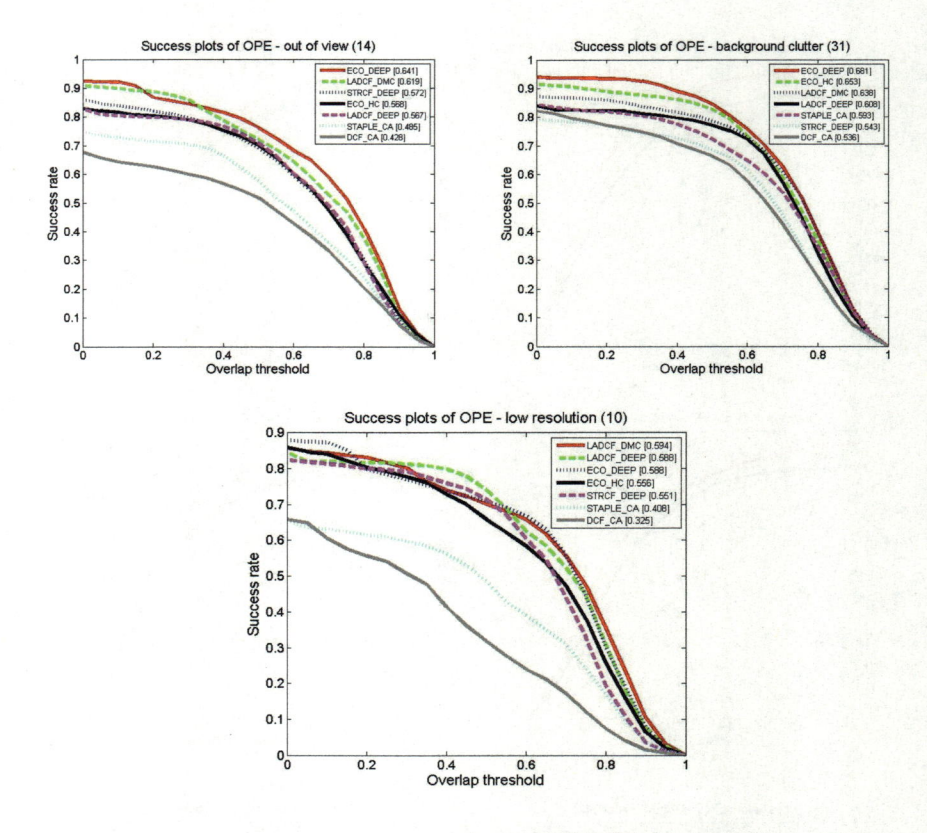

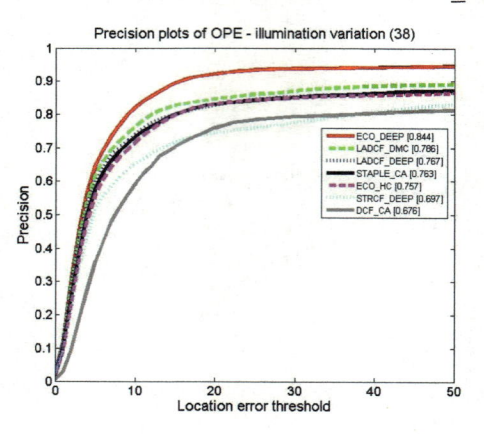

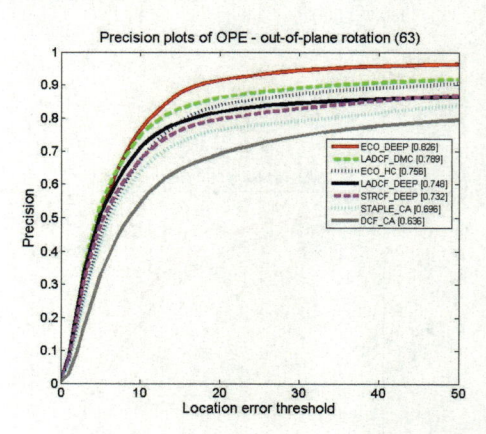

图 2-7　OTB100 数据集 11 种不同属性下的成功率图

图 2-8 所示为 11 种不同属性下的精度图。在背景混叠属性测试时，算法性能低于 ECO_DEEP、ECO_HC，在其余分属性测试时，算法性能仅低于 ECO_DEEP，但在所有的属性测试下，均高于 LADCF_DEEPC 算法。

第 2 章　融合多层深度特征的相关滤波跟踪

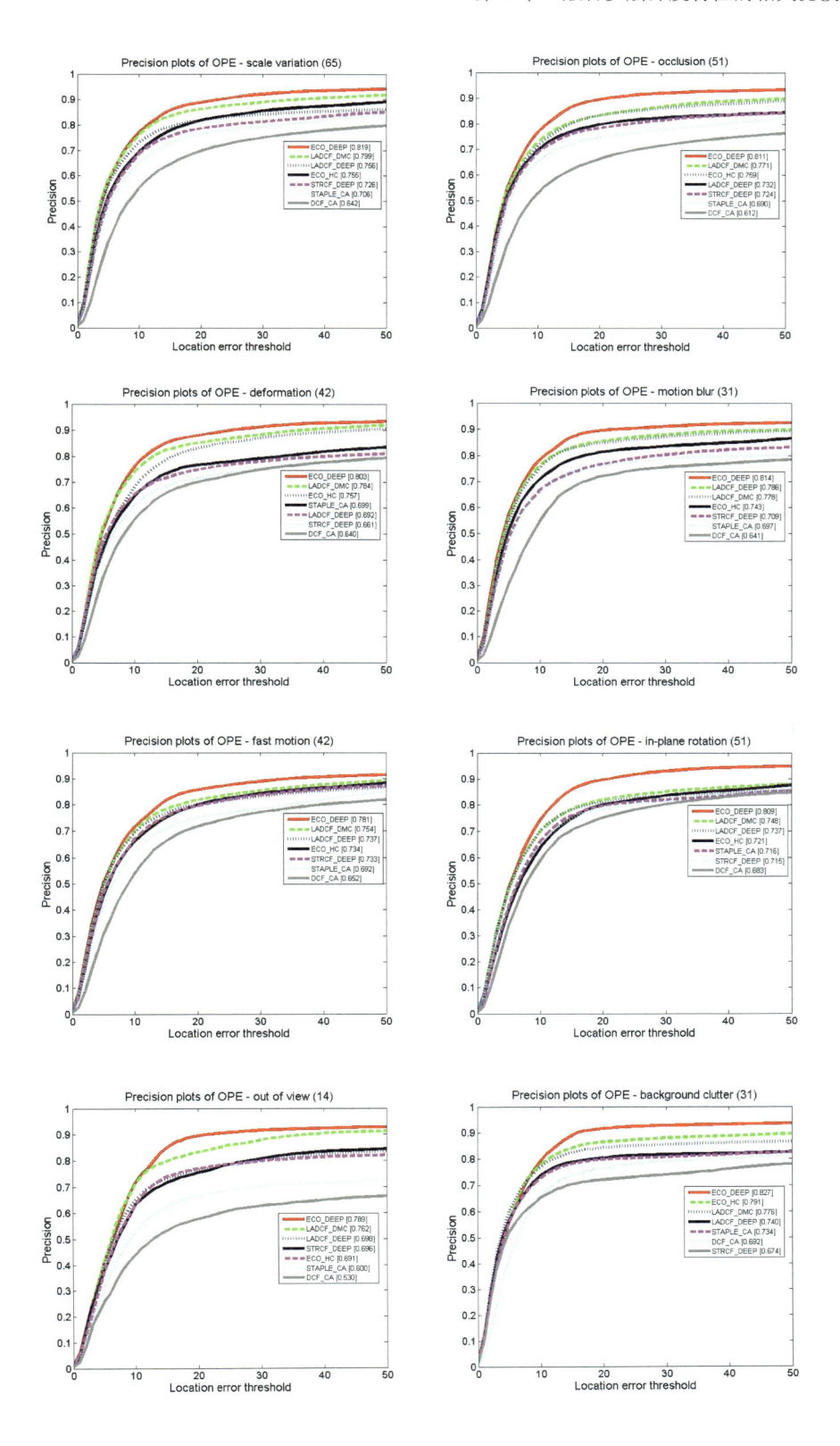

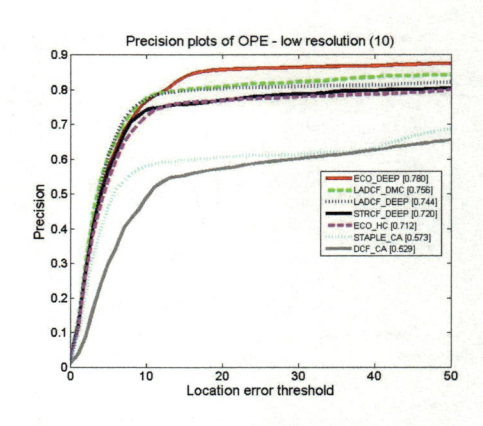

图 2-8  OTB100 数据集 11 种不同属性下的 Precision Plots

除了在 OTB100 测试数据集上对比算法跟踪性能外，还对比了各种方法的平均帧速率，平均帧速率具体实验结果如表 2-3 所示。表 2-3 第 1 行为采用深度特征的跟踪算法，本书所提算法平均帧速率为 10.7 fps，平均帧速率要高于同样采用深度特征的 LADCF、ECO、STRCF 等算法，平均帧速率分别提高了 48.6%、154.8%和 234.4%。这表明本书所提多特征融合机制能够有效降低深度特征融合时的复杂度，提高算法的运行速度。表 2-3 第 2 行为采用手工特征的跟踪算法，显然其运行帧速率要明显高于采用深度特征的跟踪算法。LADCF_HC、ECO_HC、STRCF_HC 等算法，虽然也采用了手工特征，但由于模型更加复杂，考虑了时间和空间正则化项，导致算法的平均帧速率要远低于 STAPLE_CA 和 DCF_CA 等经典 DCF 类算法。

表 2-3  GPU 平台下的平均帧速率

| Deep features | LADCF_DMC | LADCF_DEEP | ECO_DEEP | STRCF_DEEP | |
|---|---|---|---|---|---|
| Mean FPS（GPU） | 10.7 | 7.2 | 4.2 | 3.2 | |
| Hand crafted features | LADCF_HC | ECO_HC | STRCF_HC | STAPLE_CA | DCF_CA |
| Mean FPS（GPU） | 16.4 | 17.8 | 15.7 | 39.1 | 120.7 |

以上实验结果表明，本书所提多特征融合机制是可行的，可在 DCF 算法框架内实现手工特征以及多层深度特征的高效融合，在提高跟踪算法性能的同时，降低算法的复杂度。

## 2.5 本章小结

针对深度特征所带来的维度高、计算复杂度大的问题，在传统判别式相关滤波器跟踪算法框架内，提出了一种多特征融合机制。在训练阶段，以上一帧目标跟踪结果的位置和大小为基准，分别提取手工特征以及由 VGG 网络所提取的多层深度特征，之后进行深度特征下采样，并按一定比率对深度特征通道进行压缩，以降低深度特征维度；在跟踪阶段，在多尺度层上提取手工特征，在上一帧跟踪结果的最优尺度上提取多层深度特征。针对深度特征和手工特征分别训练滤波器，将单一尺度深度特征的跟踪结果与多尺度手工特征的跟踪结果进行融合。与传统多特征融合方法相比，对深度特征进行了下采样和通道压缩，同时仅在一个尺度层上提取深度特征，可有效降低算法的计算复杂度。为了验证上述机制的有效性，将其与 LADCF 算法相结合，提出了多特征融合的 LADCF 算法，并在 OTB100 数据集上进行测试。与采用单层深度特征的原 LADCF 算法相比，本书算法的 DP 和 AUC 得分分别提升了 3.7%和 3.9%，与此同时算法的平均帧速率提升了 48.6%。这表明上述多特征融合机制是可行的，在保持算法跟踪性能的同时，可有效降低跟踪算法的运行时间。

# 第 3 章  融合深度信息的长期目标跟踪框架

## 3.1 引言

基于 DCF 的视觉目标跟踪算法整体架构日益完善，但算法复杂度日益加大，算法运行速度无法满足实时性需求。特别是复杂环境下，存在背景混叠及目标遮挡等复杂情况时，跟踪算法容易丢失目标，由于缺少目标跟踪结果置信度评估模块，基于 DCF 的视觉目标跟踪属于典型的短时目标跟踪。因此，为了增强视觉目标跟踪的鲁棒性，实现对目标的长期跟踪，本章提出将目标深度信息融入 DCF 算法框架，构建目标位置置信度判别式，修正预测位置，可增强算法对遮挡、背景混叠等复杂情况的可靠性。此外，引入基于深度信息的自适应尺度因子，简化尺度滤波框架，降低算法复杂度。

## 3.2 典型 DCF 类算法简介

本章将深度信息与两种典型的基于 DCF 的跟踪算法（DSST[38]和 ECOHC[50]）进行融合，虽然二者在模型求解、特征提取、参数设置等方面存在较大区别，但二者基本框架相似，均包括二维位置滤波器和一维尺度滤波器，其基本原理如图 3-1 所示。在训练阶段，即在当前帧，分别进行二维位置滤波器和一维尺度滤波器的学习和训练，两个滤波器单独训练，单独更新，彼此互不影响。在目标跟踪阶段，即在下一帧，先利用二维的位置相关滤波器来确定目标的新位置，再利用一维的尺度相关滤波器以当前中心位置为中心点，获取不同尺度的候选图像，从而找到最匹配的尺度。之后重新训练和更新相关滤波器，并用新的滤波器进行目标跟踪，之后不断重复该过程，即可实现对目标的跟踪。

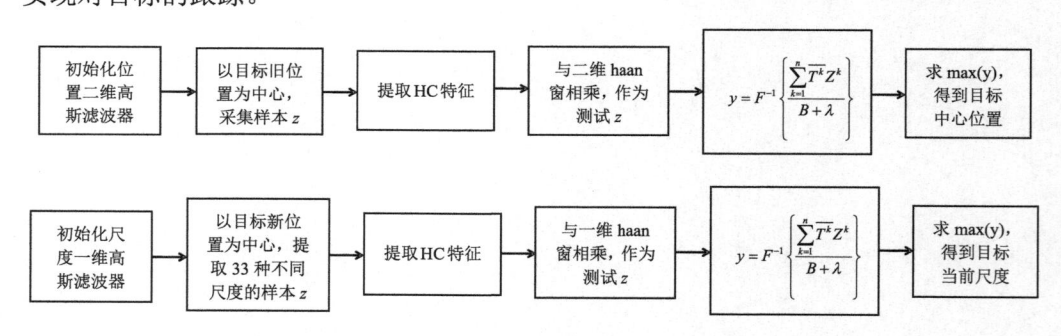

图 3-1 典型 DCF 类算法基本原理

DSST 和 ECOHC 算法将输入信号 $f$ 设计为 $n$ 维特征向量，而后建立损失函数构造最优相关滤波器 $h$，以 DSST 为例，其求解的目标函数如式（3-1）所示。与 DSST 相比，ECOHC 求解的目标函数，考虑了空间位置权重，求解过程比较复杂。

$$\varepsilon = \left\| \sum_{k=1}^{n} h^k f^k - g \right\| + \lambda \sum_{k=1}^{n} \left\| h^k \right\|^2 \quad (3-1)$$

式中，$k$ 表示特征的某一维度，$\lambda$ 是正则项系数，目的是消除输入信号频谱中的零频分量，以免上式解得分子为零，$g$ 为期望输出，上式在频域中求得解为

$$H^k = \frac{\overline{G} F^k}{\sum_{k=1}^{n} \overline{F_t^k} F_t^k + \lambda} = \frac{T_t^k}{B_t} \quad (3-2)$$

在新的一帧中目标位置通过求解相关滤波器最大响应 $y$ 值得到：

$$y = F^{-1} \left\{ \frac{\sum_{k=1}^{n} \overline{T^k} Z^k}{B + \lambda} \right\} \quad (3-3)$$

同时，上述方法使用基于一维独立的相关滤波器的尺度搜索和目标估计方法。具体实现为：在新一帧中，先利用二维位置滤波器确定新位置，再利用一维的尺度相关滤波器以当前中心位置为中心点，获取不同尺度的候选样本，从而找到最匹配的尺度，用于目标尺度评估的目标样本尺度选择原则为

$$a^n P \times a^n R \quad n \in \left\{ -\frac{S-1}{2}, \cdots, \frac{S-1}{2} \right\} \quad (3-4)$$

式中，$P$、$R$ 分别表示目标在前一帧的宽、高；$a$ 表示尺度因子，$a=1.02$；$S$ 表示尺度总级数，$S=33$。

由于尺度系数为底数大于 1 的指数函数，所以 33 种尺度是非线性增长的，实现了对较小的尺度进行细检测、对较大的尺度进行粗检测，是一种由精到粗的检测方法。

## 3.3 融合深度信息的相关滤波跟踪

无论是 DSST 算法，还是 ECO 算法、DCF 类算法，在跟踪过程中，需要在线不断地更新位置和尺度滤波器。虽然跟踪模型在不断更新，但由于缺少跟踪结果置信度评估模块，一旦跟踪结果出现偏差，将导致新的一帧所训练的模型出现偏差。随着时

间的推移，跟踪模型的误差将不断累积，最终导致所训练的相关滤波器无法反映目标的真实状态，最终跟踪失败。为了解决该问题，这里将目标的深度信息融入整个跟踪过程，利用目标与背景在深度方向上的差别，来对跟踪结果的置信度进行评估。当目标深度变化符合预期规律时，认为跟踪结果可靠，则更新相关滤波器模型，否则不更新。采用该策略，可以有效地降低由于遮挡和背景混叠所带来的不良影响，从而实现对目标的长期有效跟踪。

### 3.3.1 D-DCF 算法框架

针对 DCF 类算法存在的目标遮挡、快速运动时容易丢失目标的问题，本章提出了一种融合目标深度信息的长期目标跟踪框架，如图 3-2 所示。深度信息的获取方式包括距离相机、双目相机、激光传感器和毫米波雷达等多种方式，这里采用激光传感器获取深度信息。以 DSST 和 ECOHC 为基础，将其与激光传感器测量的目标深度融入跟踪过程，同时结合匀加速（Constant Acceleration，CA）运动模型和基于深度的目标置信度判别模型等提高算法的精度和鲁棒性。

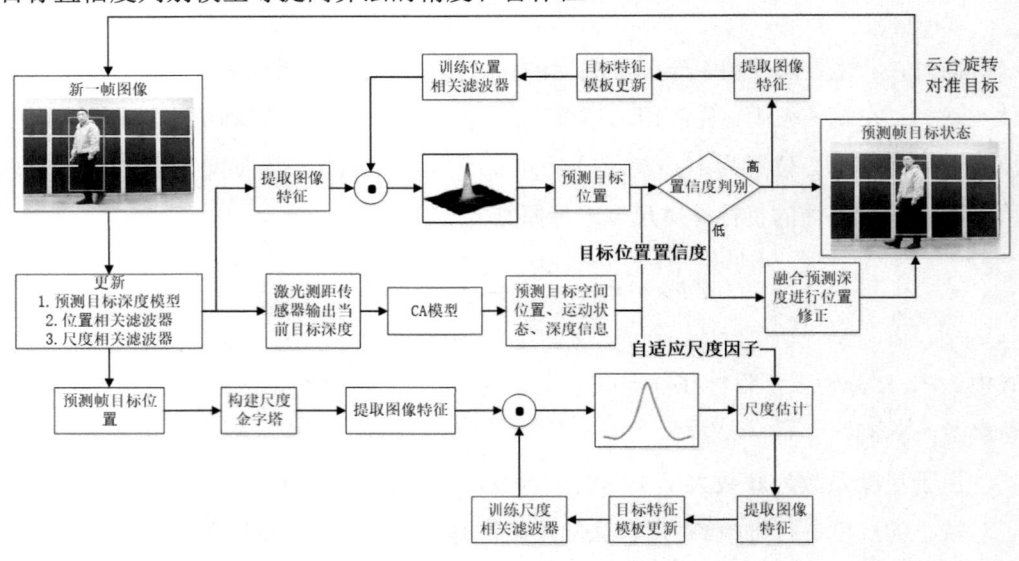

图 3-2 D-DCF 算法框架图

基于该框架，DCF 类算法的运行流程为：（1）初始化位置滤波器、尺度滤波器、预测目标深度模型，旋转云台使摄像机光轴、激光传感器轴线对准目标。（2）由激光测距传感器测量当前目标深度，采用 CA 模型估计当前帧目标空间位置、运动状态，进而计算得到目标预测深度。（3）输入新一帧图像，利用二维位置滤波器和一维尺度滤波器在候选区域提取低维特征对目标位置和尺度进行估计。（4）构建目标位置置信度指标，对上一步位置估计结果可靠性进行判别。若满足置信度要求，则更新位置滤波器模板，反之将目标预测位置作为目标新位置，预测位置由第二步估计的目标空间位置计算得到。（5）结合自适应尺度因子，进行目标尺度先验估计，提取目标尺度样本，提高尺度精确性。（6）将估计的目标位置与尺度输入至硬件跟踪系统，控制云台旋转对准目标，获取新一帧图像，重复（2）～（6）步，直至停止跟踪。

### 3.3.2 采用 CA 运动模型预测目标深度

为了融合目标深度信息，这里采用运动学模型预测目标的深度。在建立目标深度预测的数学模型时，一般的原则是使所建立的数学模型既要符合目标的实际，又要便于实时性处理。当目标作非机动运动时，模型很容易建立；但对于机动运动目标，理想的建模变得十分困难。因为目标机动的先验知识很少，很难用数学表达式精确表示，只能在各种假设条件下用近似方法予以描述。跟踪目标为地面目标，可利用摄像头、激光测距传感器连续地进行量测，且量测频率高于目标运动状态变化频率。因此在一个量测周期内，可视目标作匀加速直线运动，其运动状态可用下面的三阶匀加速运动模型来描述：

$$A(k+1)=\begin{bmatrix} 1 & T & T^2/2 \\ 0 & 1 & T \\ 0 & 0 & 1 \end{bmatrix} A(k)+\begin{bmatrix} 0 \\ 0 \\ 1 \end{bmatrix} \omega(k) \quad (3-5)$$

设目标在三维空间内运动，则上式中的目标运动状态变量 $A(k)$ 可以定义为

$\begin{bmatrix} x & y & z \\ \dot{x} & \dot{y} & \dot{z} \\ \ddot{x} & \ddot{y} & \ddot{z} \end{bmatrix}$，$x$、$y$、$z$ 分别表示目标在 $x$ 方向、$y$ 方向、$z$ 方向的位置分量；$\omega(k)$ 是均值为零、方差为 $\sigma_R^2$ 的高斯白噪声，即量测噪声；$T$ 为量测周期。

该模型是目标运动模型中最基本的模型，其计算量小，适合实时跟踪的需要。对于匀速、匀加速直线运动或者近似匀速、匀加速的运动，上述模型能够精准刻画目标运动状态，进而预测目标空间位置、深度信息。

以目标做 S 形运动[136]为例，如图 3-3 所示，以跟踪系统为原点建立三维直角坐标系。首先，系统以 $T$ 为周期量测目标的深度信息和云台姿态角（俯仰角 $\gamma_k$、偏航角

$\theta_k$），利用几何关系与运动方程计算目标于 $k$ 时刻的运动状态 $A(k)$：

$$A(k) = \begin{bmatrix} D_k \cdot \cos\gamma_k \cdot \cos\theta_k & D_k \cdot \cos\gamma_k \cdot \sin\theta_k & D_k \cdot \sin\gamma_k \\ x_k - x_{k-1}/T & y_k - y_{k-1}/T & z_k - z_{k-1}/T \\ \dot{x}_k - \dot{x}_{k-1}/T & \dot{y}_k - \dot{y}_{k-1}/T & \dot{z}_k - \dot{z}_{k-1}/T \end{bmatrix} \quad (3\text{-}6)$$

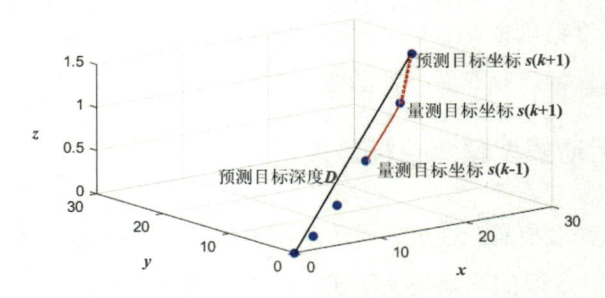

图 3-3 预测深度原理图

将离散坐标点（图 3-3 中黑点）组合，得到目标路径序列 $s(k) \in s_1, s_2, \cdots, s_k$。因量测频率大于目标运动状态变化频率，所以可以将 $k+1$ 时刻与 $k$ 时刻之间的运动路径近似为直线（图 3-3 中虚线），即下一个量测周期 $T$ 内、三维方向上均视目标做匀变速直线运动，将式（3-6）中的 $A(k)$ 代入式（3-5），可以预测下一时刻运动状态 $A(k+1)$，最终计算得下一时刻目标的距离 $D_{pred}$：

$$D_{pred} = \sqrt{x_{k+1}^2 + y_{k+1}^2 + z_{k+1}^2} \quad (3\text{-}7)$$

### 3.3.3 融合预测深度构建目标位置置信度判别式

在实验中发现，由于 DSST 算法和 ECOHC 提取的手工特征鲁棒性不强，在背景复杂或目标被遮挡时会出现目标丢失。为了增强特征鲁棒性，提升跟踪精确性，融合预测深度构建目标位置置信度判别式。构建原理如图 3-4 所示。

当目标前出现遮挡时，激光测距传感器输出的深度是遮挡物的深度 $d_2$。$d_2$ 与目标深度 $d_1$ 相比，存在突变值 $\delta_d = d_2 - d_1$。定义 $\delta_{\max}$ 为目标位置置信度阈值，若 $\delta > \delta_{\max}$，即突变值大于阈值，则视为目标被遮挡干扰，不更新目标并利用 CA 模型预测的目标空间位置进行位置修正；反之则根据滤波器最大响应更新目标。传统的置信度阈值 $\delta_{\max}$ 是先验确定的，并且是固定不变的。但是，先验确定该阈值是很困难的，并且其在跟踪过程中一直固定，会导致在目标实际运动状态变化较大或传感器噪声较大的情况下，跟踪失败率提高，降低跟踪精度和稳定性。这里采用加速度和传感器噪声因子 $Q_{sensor}$ 动态调整置信阈值 $\delta_{\max}$，记目标在 $k$ 时刻 $x$、$y$、$z$ 方向的加速度分别为 $\ddot{x}_k$、$\ddot{y}_k$、

$\ddot{z}_k$,通过式(3-8)动态调整阈值 $\delta_{\max}$:

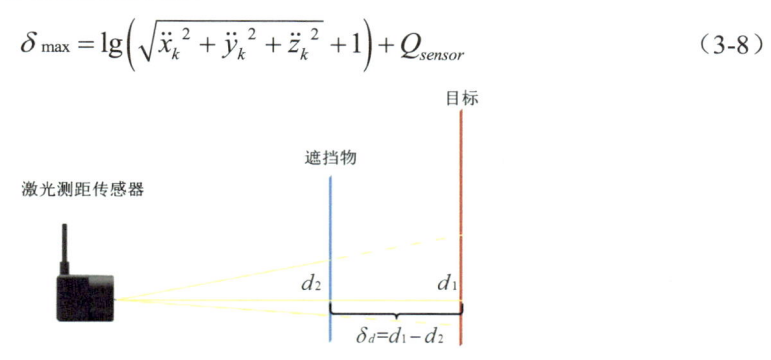

$$\delta_{\max} = \lg\left(\sqrt{\ddot{x}_k^2 + \ddot{y}_k^2 + \ddot{z}_k^2} + 1\right) + Q_{sensor} \qquad (3\text{-}8)$$

图 3-4 构建目标位置置信度判别式

置信度阈值函数特点为:随着目标加速度增大,阈值增大,表示能够容忍目标运动状态变化较大时所造成的目标深度变化大的情况;同时,加速度增大到一定值后,阈值趋近不变,保证能够准确判断目标是否受遮挡。如果判别目标被遮挡,则利用预测的目标空间位置进行位置修正,防止目标丢失。对于视野中央区域的近线性成像系统而言,目标空间预测三维坐标成像到二维像面,生成二维预测像面坐标。

### 3.3.4 基于预测目标深度的自适应尺度因子

DSST 和 ECO 算法在上一尺度的基础上直接提取 33 个样本,精确性不高且极大地增加计算复杂度,如图 3-5 所示,为减少尺度样本数量,提高跟踪精确性与实时性,这里利用预测目标深度计算自适应尺度因子,与 $k$ 时刻目标尺度相乘,得 $k+1$ 时刻预测目标尺度 $s_{pred}$,而在目标中心位置,提取 17 个尺度样本 $s_{-8},\cdots,s_0,\cdots,s_8$,对尺度样本相关滤波后,找到令滤波器响应最大的尺度 $s_{\max}$,该尺度即为目标尺度。

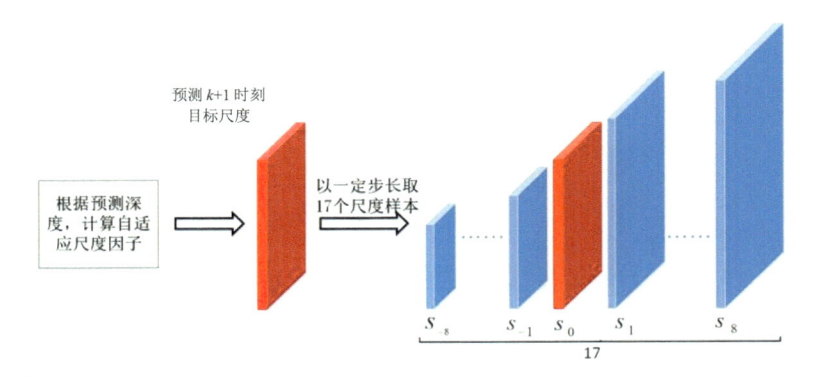

图 3-5 优化的提取尺度样本过程

图 3-6 为自适应尺度因子计算过程：

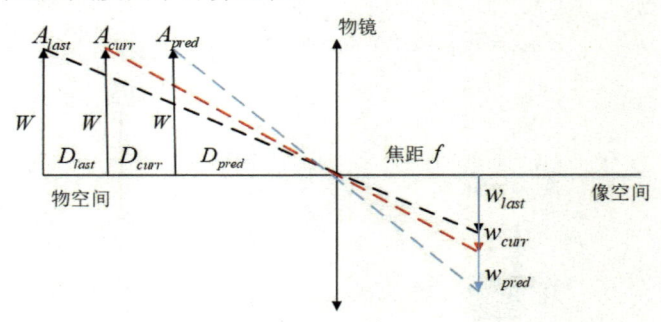

**图 3-6 计算自适应尺度因子**

记 $W$ 为目标真实宽度，$f$ 为摄像头焦距，$u$ 为像元大小，$D$ 为目标深度，$w$ 为目标图像宽度，下标 *last*、*curr*、*pred* 分别表示上一帧、当前帧、预测帧。公式（3-9）（3-10）为根据比例关系计算目标预测宽度、目标真实宽度：

$$w_{pred} = \frac{W \cdot f}{D_{pred} \cdot u} \tag{3-9}$$

$$W = \frac{D_{ini} \cdot w_{ini} \cdot u}{f} \tag{3-10}$$

式中，$D_{ini}$ 和 $w_{ini}$ 分别为初始化目标深度和目标图像宽度。将 CA 模型预测的目标深度 $D_{pred}$ 与公式（3-10）代入公式（3-9），得到预测目标宽度：

$$w_{pred} = \frac{D_{ini} \cdot w_{ini}}{D_{pred}} \tag{3-11}$$

为了适应目标运动造成尺度变化，提高尺度准确性以及减少尺度采样数量，基于目标深度信息，引入目标宽度自适应尺度因子 $A_w$，对于目标高度自适应尺度因子 $A_h$ 的计算，与上述过程相似，得

$$\begin{aligned} A_w &= \alpha \cdot \frac{w_{pred}}{w_{curr}} = \alpha \cdot \frac{D_{ini} \cdot w_{ini}}{D_{pred} \cdot w_{curr}} \\ A_h &= \alpha \cdot \frac{h_{pred}}{h_{curr}} = \alpha \cdot \frac{D_{ini} \cdot h_{ini}}{D_{pred} \cdot h_{curr}} \end{aligned} \tag{3-12}$$

式中，$h$ 表示目标图像高度，$\alpha = \min\left(\frac{w_{pred}}{w_{curr}}, \beta\right)$ 为尺度因子限幅参数，作用是防止目标深度突变造成尺度因子 $\alpha$ 震荡。根据实验设计与分析，文中 $\beta = 1.1$。则提取样本公

式（3-4）优化为

$$A_w^n P \times A_h^n R \quad n \in \left\{ \left\lfloor -\frac{S-1}{2}, \cdots, \frac{S-1}{2} \right\rfloor \right\} \quad (3\text{-}13)$$

式中，$A_w$、$A_h$ 为自适应尺度因子，在本书算法中，$S=17$，其他参数不变。

## 3.4 实验结果分析

### 3.4.1 实验系统介绍

由于现有的公开测评集多是基于二维图像序列，无法提供深度信息，因此这里设计了简易的云台跟踪系统，用于算法性能测试，云台跟踪系统原理框图和实物图如图 3-7 所示，详见第 4 章第 4.3 节。云台搭载摄像头和激光测距传感器，摄像头获取目标的图像信息，激光测距传感器获得目标的距离信息（距离精度 1 cm），上位机利用这些信息估计目标在图像中的运动状态，进而由舵机驱动云台跟随目标运动，实现对目标的跟踪。

为了检验有遮挡物时算法的跟踪性能，结合地面目标的运动特点，假定目标运动无 z 轴（垂直地面方向）起伏，设置两个实验（见图 3-8）：实验一中目标以图 3-8（左）中的曲线运动，线段为遮挡物；实验二中，目标和遮挡物相向运动。实验参数如表 3-1 所示。

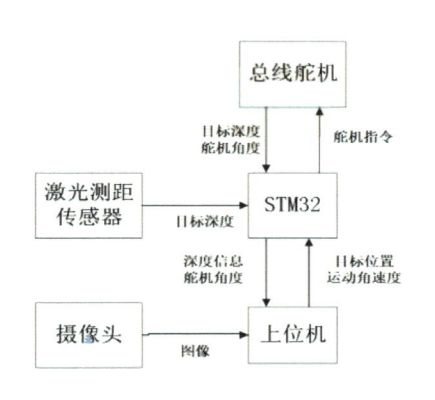

（a）系统连接示意图　　　　（b）系统实物图

图 3-7　云台跟踪系统

(a)实验一　　　　　　　　(b)实验二

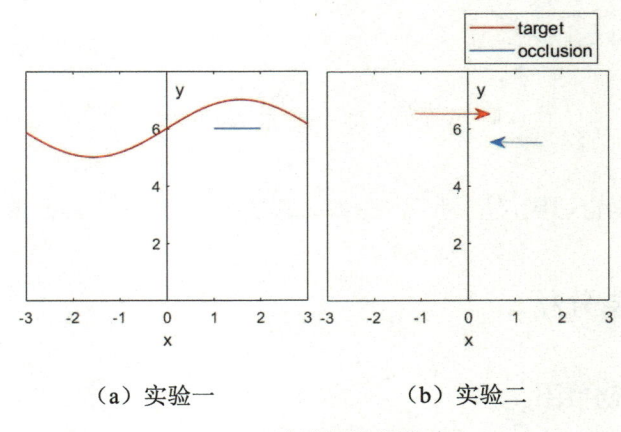

图 3-8　实验场地设置

表 3-1　实验参数设置

| 参数/单位 | 范围 |
| --- | --- |
| 与跟踪系统距离/m | 5~7 |
| 运动速度/$m·s^{-1}$ | 0~0.6 |
| 运动加速度/$m·s^{-2}$ | 0~0.5 |
| 目标大小/$m^2$ | 0.5×1.8 |
| 遮挡物大小/$m^2$ | 0.5×1.8 |

### 3.4.2　基于 CA 模型的预测深度实验

D-DCF 算法的成功关键是目标的深度信息，因此预测深度的精确性决定了算法的精确度。本节进行深度预测模型的精度测试实验，目标以实验一中的轨迹运动。实验结果如图 3-9 所示。

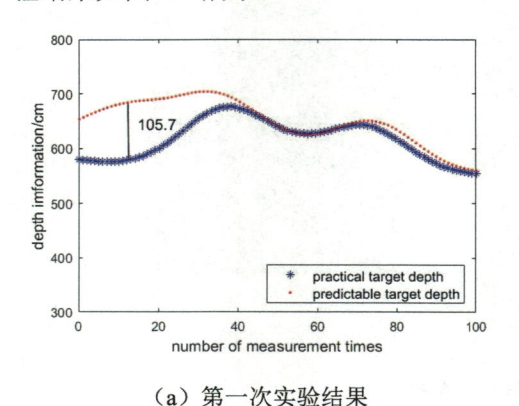

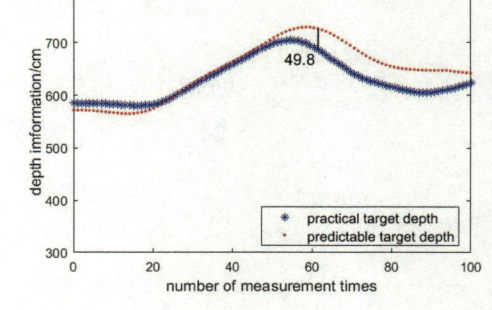

(a)第一次实验结果　　　　　　　　(b)第二次实验结果

图 3-9　预测目标深度实验结果

图中纵轴为深度信息，记为 $D$，横轴为量测次数序号，记为 $n$。以目标距离与预测目标距离差的均值描述预测深度信息的误差：

$$B = \frac{1}{n} \cdot \sum_{n}^{i}(D_{pred,i} - D_{curr,i-1}) \quad （3-14）$$

在稳定跟踪（无遮挡）时，即图 3-9（a）$n_a > 40$，图 3-9（b）$n_b < 55$ 时，$B_a$=9.109，$B_b$=12.03。在 600 cm 距离上误差不大于 2%，表明深度预测模型能够精确预测目标深度。同时，当目标被遮挡时[即图 3-9（a）中 $n_a$<40 部分，图 3-9（b）中 $n_b$>55 部分]，预测目标距离与实际目标距离会有较大变化，分别为 105.7 cm 和 49.8 cm，表明该模型能够有效地判断目标是否被遮挡。

### 3.4.3 尺度精确性实验

过大的模板尺度将增加背景特征，较小的尺度将减少目标特征，影响跟踪准确性，因此这里设计目标沿光轴移动的实验，结果如图 3-10（左下角数字表示覆盖率）所示。目标沿光轴运动时，目标的尺度会发生变化，随着跟踪时间的增加，尺度误差会不断累积。从结果可以看出，无论是 DSST、ECOHC，还是融合深度信息的 D-DSST、D-ECOHC，其预测框与真实框的重合率指标均由 1 左右在不断减小。图 3-10 所示实验结果为跟踪大约 30 s 时的结果，由该实验结果可知，考虑深度信息的 D-DSST、D-ECOHC 算法，其尺度估计精度较高，在目标沿光轴运动时，有效地提升了尺度精确性。

图 3-10　尺度精确性实验结果

### 3.4.4 目标跟踪实验及分析

上位机 CPU 采用 Intel Core i5-7300HQ CPU@2.5 GHz；内存为 12 GB；操作系统

为 Win10；框架为 MATLAB 2017a。

从准确性和实时性两个方面评估实物跟踪系统[64]。准确性：（1）引入跟踪概率 $P_s$，在工作时间 $t$ 内，当目标中心与图像中心偏差大于固定阈值时，0.5 s 内修正偏差跟踪目标则视为成功（计入成功跟踪时间 $t_s$），否则视为失败。（2）跟踪过程中，是否出现目标丢失现象；实时性：以算法的 FPS 为评判依据，即每秒处理图像帧数。图 3-11 由对比了 6 种算法在实验中的跟踪情况得出，表 3-2 为跟踪性能（横线表示目标丢失）。从实验结果可以得出：相较于 DSST、ECO 算法，改进后的算法 D-DSST 和 D-ECOHC 跟踪概率高且不出现目标丢失情况，且其帧率大于 30 fps，满足实时性要求；ECODEEP 算法虽然也能够克服遮挡干扰，但速度较慢，难以应用于实际跟踪；GSF-DCF 算法速度慢，目标离开视场，导致跟踪失败。

（a）实验一

（b）实验二

图 3-11　跟踪系统性能实验结果

表 3-2　跟踪系统性能实验结果

| 使用算法 | 实验一 | | | 实验二 | | |
|---|---|---|---|---|---|---|
| | 目标是否丢失 | 跟踪概率 $P_s$ | 帧率/fps | 目标是否丢失 | 跟踪概率 $P_s$ | 帧率/fps |
| D-DSST | 否 | 90.43% | 45.3 | 否 | 89.59% | 113.7 |
| DSST[38] | 是 | — | 38.2 | 是 | — | 87.4 |
| D-ECOHC | 否 | 95.71% | 23.8 | 否 | 91.60% | 70.5 |
| ECOHC[50] | 否 | 90.90% | 20.2 | 是 | — | 65.7 |
| ECODEEP[50] | 否 | 76.67% | 4.5 | 否 | 93.4% | 12.8 |
| DSF-DCF[65] | 是 | — | 0.7 | 是 | — | 1.1 |

## 3.5 本章小结

针对基于判别式相关滤波（DCF）视觉目标跟踪算法的跟踪系统存在的尺度估计不精确和容易丢失目标的问题，以 DCF 算法为框架，提出了一种融合目标深度信息的 D-DCF 算法，主要创新包括：（1）采用激光测距传感器和 CA 运动模型，预测目标深度；（2）利用目标深度构建目标位置置信度判别式，判断是否更新目标和修正预测位置，提高跟踪准确性；（3）引入基于预测深度的自适应尺度因子，降低尺度滤波层级，提高尺度精确性和算法实时性。最后为了对上述方法进行验证，设计目标跟踪实物系统。实验结果表明：在有遮挡、背景复杂、目标运动的情形下，基于 D-DSST、D-ECOHC 的跟踪系统跟踪概率分别为 90.01%，93.66%，与原算法相比没有出现目标丢失现象；平均帧率分别为 79.5 fps，47.2 fps，较原算法分别提升 16.7 fps，4.3 fps。实验结果表明上述框架能够跟踪受遮挡的机动目标，且满足稳定可靠、精度高、实时性良好等要求。

# 第 4 章　基于 MobileNet V2 和 SSD 的目标检测

## 4.1 引言

视觉目标检测可获取目标在图像中的位置和类别，以 SSD 算法为代表的深度学习的算法准确率高，适用于无人平台这类性能要求高的应用场合。但由于 SSD 的卷积网络层次复杂、参数多，现有的处理器特别是嵌入式处理器难以实现实时处理。针对检测算法计算复杂度高、训练困难的问题，以基于回归卷积神经网络的目标检测方法 SSD 为基础，通过采用 MobileNet V2 作为骨干网，采用迁移学习训练目标检测网络，提升检测速度。将 MobileNet V2-SSD 应用于实际的跟踪系统，实现了视觉目标的自动检测，可为无人平台的进一步应用提供技术参考。

## 4.2 基于迁移学习的 MobileNet-SSD 算法训练与实现

### 4.2.1 SSD 及 MobileNet SSD 算法简介

SSD 算法在 VOC2007 测试集上达到了 74.3%的 mAP，超过了当时最强的 Faster R-CNN 以及 YOLO 算法。该算法属于典型的单阶段目标检测算法，其网络结构如图 4-1 所示。SSD 算法采用经典的卷积神经网络 VGG16 作为骨干网络，将 VGG16 中的两个全连接层改为卷积层，再增加 4 个卷积层构造目标检测网络结构，对其中 5 个不同的卷积层的输出分别用两个 3×3 的卷积核进行卷积，输出分类用的置信度和回归用的位置。

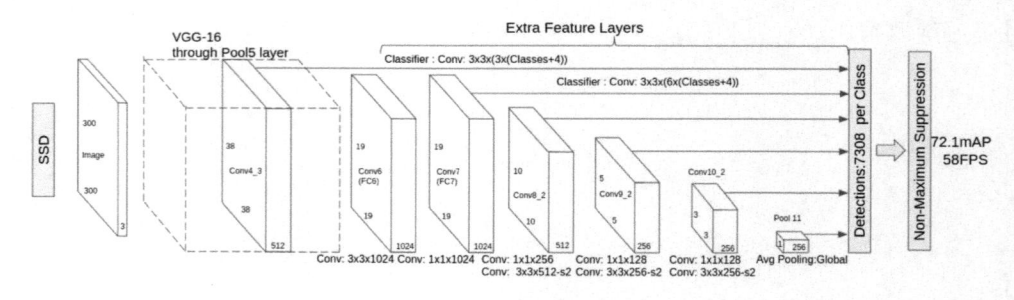

图 4-1　SSD 网络结构

SSD 算法的创新点在于增加了辅助结构：

（1）多尺度检测。SSD 算法在 VGG16 骨干网络之后，增加卷积特征层。这些层的大小逐层递减,可提取多尺度特征,在多个不同尺度的特征层上进行目标定位和识别,能够实现多尺度的目标检测。

(2)采用 3×3 的卷积核进行目标检测。对每个增加的特征层或者可选的基网络特征层进行卷积,可产生一个固定的目标预测集合。对于一个 $p$ 通道大小为 $m×n$ 的特征层,可采用 $3×3×p$ 的卷积核在 $m×n$ 大小的特征层中进行滑动,得到类别置信度或者目标位置偏移量。

(3)先验框和纵横比。每个特征图可划分为不同大小的栅格,为网络结构顶层的多个特征图的每个栅格分配一组先验框,先验框的中心位置相同,纵横比不同,如图 4-2 所示。

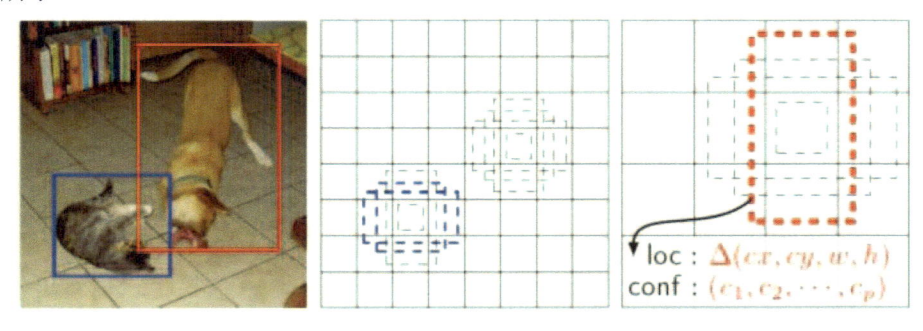

图 4-2　多尺度卷积与先验框

SSD 算法兼顾了 R-CNN 的精度和 YOLO 算法的速度,但由于采用 VGG16 作为特征提取网络,导致难以在计算资源稀缺的移动设备以及嵌入式设备上运行。

谷歌团队的 Howard 等人使用了深度可分离卷积替代传统卷积,提出了 MobileNet 神经网络模型,如图 4-3 所示。深度可分离卷积将传统卷积分为 DW 卷积和 PW 卷积两步。与传统卷积最大的区别是 DW 卷积核的数目与输入特征通道数相等,DW 卷积后再通过大小为 1×1 的卷积核,进行通道扩展,将 DW 卷积输出的特征通道扩展为所需要的数目。理论上传统卷积的计算量是深度可分离卷积的 8~9 倍。

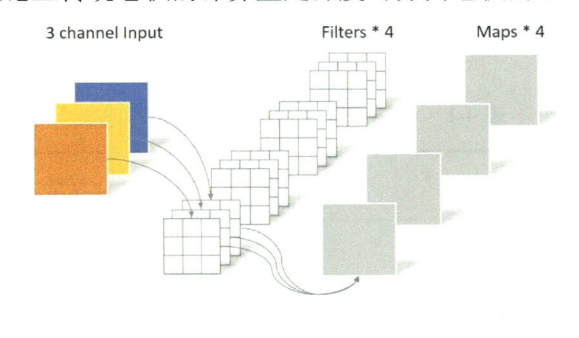

(a)传统卷积

　　　　　　　（b）DW 卷积　　　　　　　　　　　（c）PW 卷积

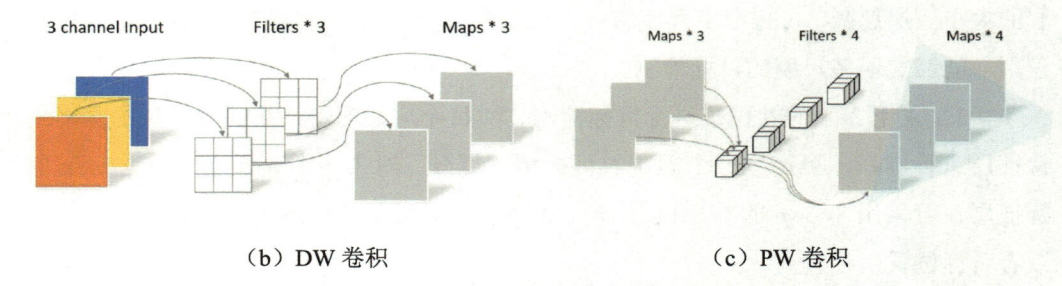

**图 4-3　传统卷积与深度可分离卷积的区别**

MobileNet-SSD 将 SSD 的骨干网络 VGG16 替换为 MobileNet 网络，整个算法架构如图 4-4 所示。MobileNet 的结构在卷积层 conv13 后面添加了 8 个卷积层，然后抽取 conv11、13、14_2、15_2、16_2、17_2 共 6 层用于目标检测、分类和候选框回归。左侧的深色特征图代表使用大小为 1×1 的深度可分离卷积核卷积。

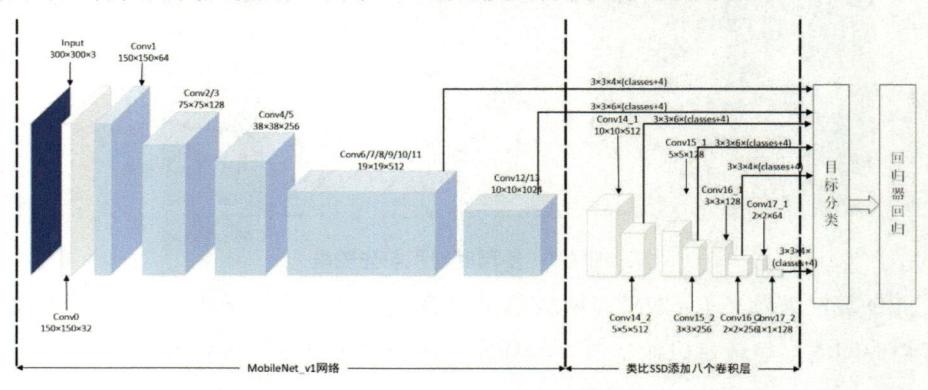

**图 4-4　MobileNet-SSD 算法的网络结构**

表 4-1 是在 SSD 框架下，使用 COCO 数据集训练 VGG 和 MobileNet 两种骨干网络的性能。由该表的结果可知，虽然 MobileNet-SSD 精度下降了 0.9%，但计算复杂度减少为原来的约 1/27，参数数量减少为原来的约 1/33，在嵌入式设备无 GPU 加速的条件下，能够具有良好的实时性，因此 MobileNet 骨干网比 VGG16 更适合在嵌入式设备上运行。

**表 4-1　VGG-SSD 和 MobileNet-SSD 对比**

| 框架 | 卷积方式 | 准确率 | 计算量 | 参数数量 |
| --- | --- | --- | --- | --- |
| SSD | VGG16 | 71.50% | 15300Million | 138Million |
| | MobileNet | 70.60% | 569Million | 4.2Million |

## 4.2.2 基于迁移学习的 MobieNetV2-SSD 算法的训练和实现

为了进一步提升移动端以及嵌入式设备运行的实时性，谷歌团队的 Howard 等人在 2018 年和 2019 年又分别提出了 MobileNet V2 和 MobileNet V3 网络。MobileNet V2 网络采用了倒残差网络结构和新的激活函数；MobileNet V3 引入视觉注意力机制，使用网络结构搜索技术进行参数搜索，并重新设计了耗时层结构。经过改进，MobileNet V2 和 MobileNet V3 网络结构更加轻量化，运算速度更快，分别提升了 28.9%和 39.9%。但 mAP 指标降低了 0.1 和 0.2。因此采用新的 MobileNet V2 和 MobileNet V3 网络结构能够进一步提升算法的运行速度。综合算法计算复杂度和精度，这里采用 MobileNet V2 进一步改进 SSD 算法，进行目标检测。

与 MobileNet V1 相比，MobileNet V2 采用了倒残差网络结构，如图 4-5 所示。其整体的网络架构与 MobileNet V1 相比，采用了 bottleneck 模块，整体网络架构更加简单。可直接将 MobileNet V1 网络替换为 Mobienet V2 网络，并将 SSD 检测层中的常规卷积替换为深度可分离卷积，即可得到本章所述 MobileNet V2-SSD 算法。

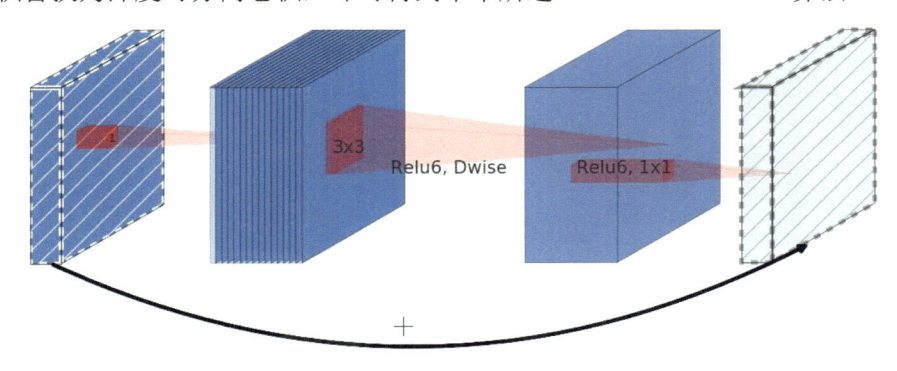

**图 4-5 倒残差网络结构**

在训练过程中，采用迁移学习的思想，加快模型训练速度和精度。即采用 Pytorch 官方提供的预训练模型初始化 MobileNet V2-SSD 的骨干网 MobileNet V2。训练时，第一步固定 MobileNet V2 骨干网参数权重，仅训练 MobileNet V2-SSD 检测网络参数权重，直至网络收敛；第二步，同时训练骨干网和检测网络，直至网络收敛。

训练平台采用 CPU 为 Intel Core i5-7300HQ CPU@2.5 GHz，内存为 12 GB，无 GPU，操作系统为 Win 10 的笔记本电脑；所需软件包括 Anaconda3、Python 3.6、PyCharm、PyTorch 1.6、Torchvision 0.7.0 等。当网络模型训练好后，基于 OpenCV 3.4.5 的深度学习模块（cv::dnn）加载预训练模型，对输入的图片进行推理，获取目标位置

和类别。DNN 支持多种深度学习框架，例如 TensorFlow、Caffe、PyTorch 和 Darknet，它使用方便，提供内建的 CPU 和 GPU 加速，无须依赖第三方库，且通用性好，支持多种网络模型格式，用户无须额外地进行网络模型的转换就可以直接使用，适合原型开发与可行性验证。

目标检测流程如图 4-6 所示，当获取视频帧时，对其进行高斯滤波和提取特征等预处理，而后读入已经加载好 MobileNet-SSD 模型的网络进行检测，检测得到输出矩阵，对其中第一维类别和第二维置信度进行判断，滤除无用目标，最终得到目标位置和类别。

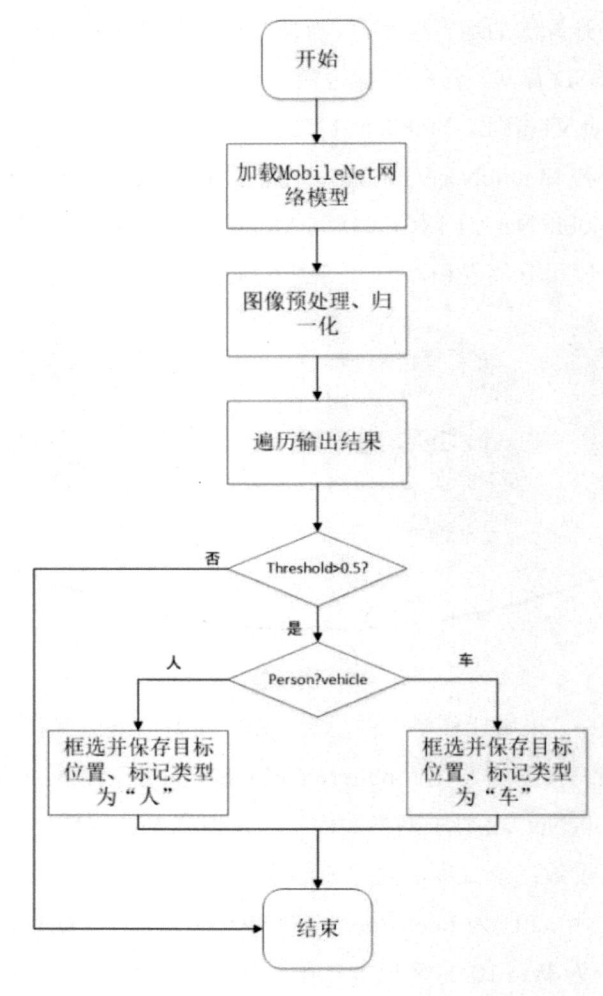

**图 4-6　MobileNet-SSD 流程图**

对人和车辆两种目标进行检测，得到的结果如下：

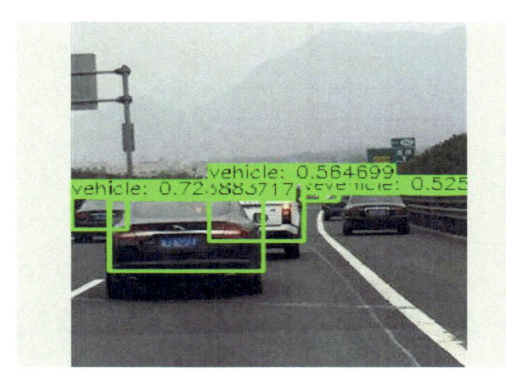

图 4-7　MobileNet-SSD 行人和车辆目标检测结果

该算法在无 GPU 加速时，fps 达 17～21，基本可以满足实时检测的要求。

## 4.3　跟踪系统简介

本书设计了简易基于位置的视觉云台跟踪系统，用于第 3 章和本章算法的性能测试，其工作原理如图 4-8 所示。在目标检测算法或目标跟踪算法子模块给出了运动目标图像位置信息后，结合云台搭载的激光测距模块对目标三维坐标进行修正，再通过目标机动模型，对运动目标位置进行预测估计，将得到的数据输入姿态解算模块，计算出云台的期望姿态，最终主控模块输出控制指令，通过云台带动摄像头光轴指向目标，实现对运动目标的跟踪。

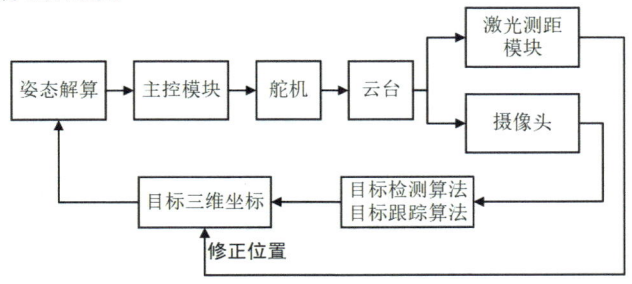

图 4-8　视觉云台控制原理框图

### 4.3.1　跟踪系统运行流程

跟踪系统框图如图 4-9 所示，图像和深度数据处理由笔记本电脑完成，主要负责接收摄像头采集的图像，进行图像预处理、目标检测或目标跟踪等图像处理任务，从而提取运动目标的图像位置信息，结合云台控制部分上传的目标深度信息，利用图像偏差解算云台期望姿态。通过串口发送舵机旋转信号给云台控制部分，该部分负责通过串口接收上位机指令、激光测距模块数据，向上位机上传目标深度信息，控制舵机旋转，保证摄像头光轴始终对准目标。

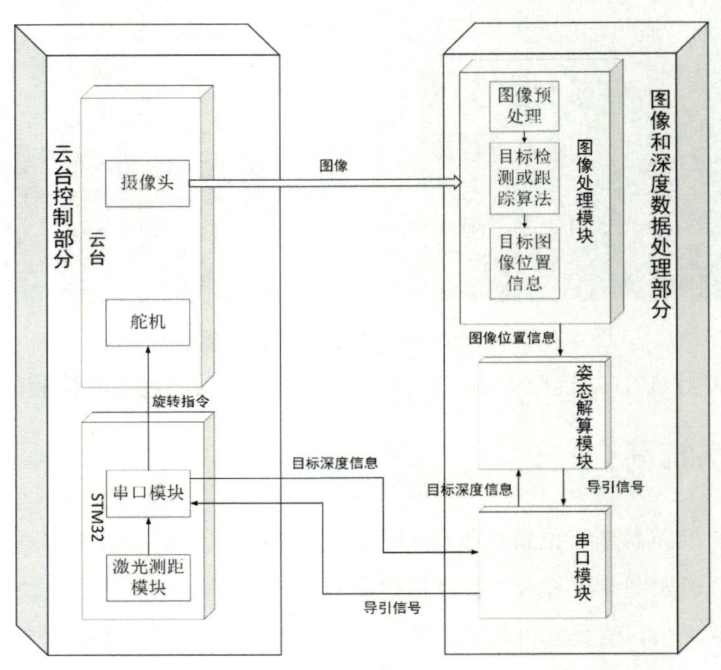

图 4-9 跟踪系统框图

## 4.3.2 跟踪系统硬件组成

图 4-10 为硬件系统组成，包括主控模块、激光测距模块、舵机、摄像头和云台。

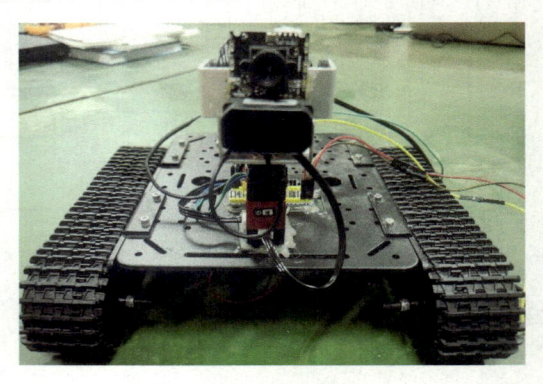

图 4-10 跟踪系统实物图

主控模块选取 STM32F103C8，它是基于 ARM Cortex-M 内核 STM32 系列的 32 位的微控制器。激光测距模块型号为 TFmini-Plus，它的作用是精确测量摄像头云台与目标的距离，为姿态解算提供必需的距离参数。云台伺服机构选用 LX-224 单总线数字舵机，采用单总线通信方式，最大特点是总线串联，具备角度回读功能。同时控制简单，内部带有的主控芯片完成角度 PID 控制，只需要一条指令就可以使其旋转到指定角度，误差不超过±0.24°。舵机控制板核心电路由 74H126D 芯片组成，它提供具有三态输出的四个非反相缓冲器/线路驱动器，使串行全双工转变为半双工，以单条链路数据在总线舵机间传递。摄像头作为图像采集的工具，在跟踪系统中相当于一个误差传感器，摄像头成像的好坏直接影响了跟踪效果的优劣。选用的摄像头是市面上普通的 USB 接口的 CMOS 摄像头，这种摄像头价格便宜且使用方便，可以直接与笔记本电脑相连而不需要图像采集卡，简化开发过程。

### 4.3.3 跟踪系统软件组成

实验系统的目标检测算法在 OpenCV 框架下开发，目标跟踪算法在 MATLAB 环境下开发，上位机进行图像及数据处理的流程相同。云台控制部分的软件代码在 Keil 下编写。图像与数据处理部分应具备视频显示、检测跟踪目标、向云台控制部分发送导引指令的功能。目标检测和目标跟踪部分的工作流程如图 4-11 和图 4-12 所示。目标检测部分对每一帧图像进行处理，不同帧之间目标没有关联，目标检测可以用于初始化跟踪器。目标跟踪部分需通过人工框选目标或者通过检测算法初始化跟踪目标。

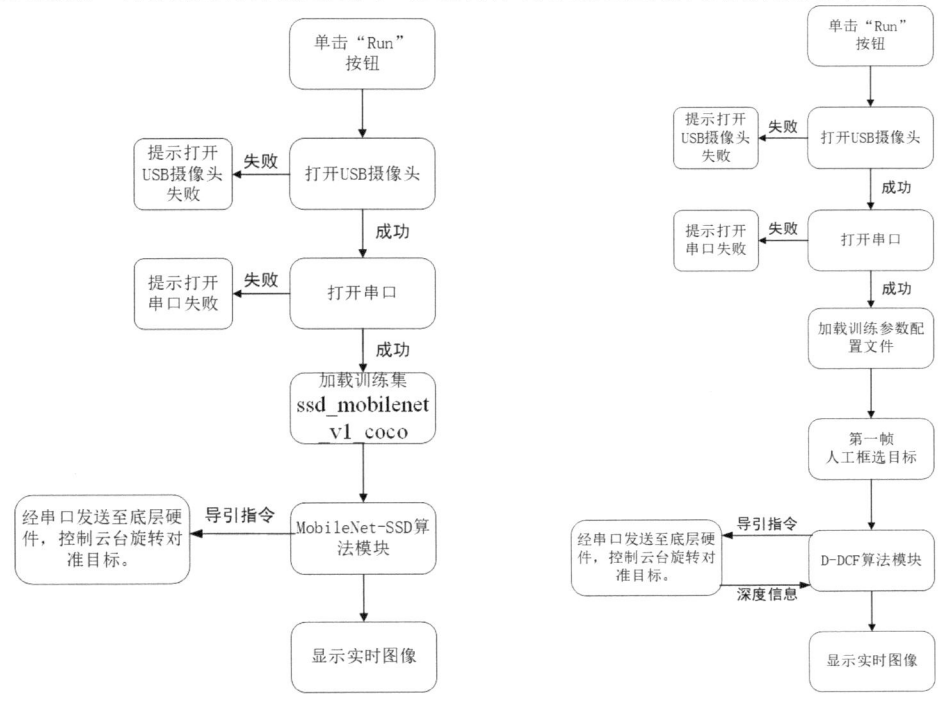

图 4-11　视觉检测算法流程图　　图 4-12　视觉跟踪算法流程图

图 4-13 是云台控制部分软件流程，主要是接受串口控制信息，按预先规定的通信协议解析后，形成舵机旋转指令完成对云台的控制，在云台运动完成后，读取并上传当前激光测距模块的输出数据。

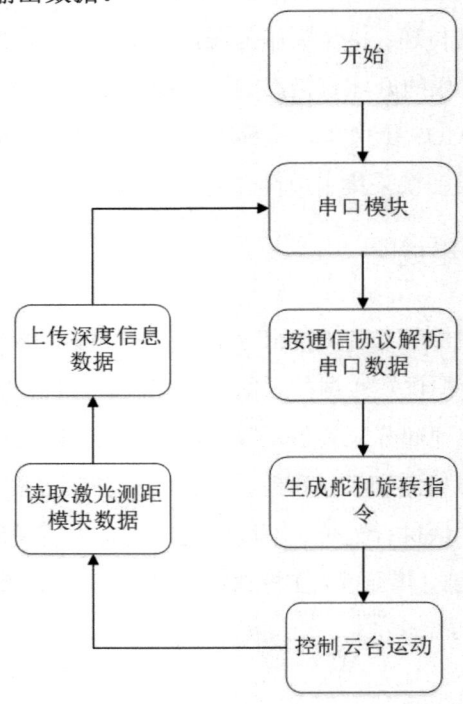

图 4-13　云台控制部分软件流程图

## 4.4　跟踪系统测试

为了对目标检测算法以及整个跟踪系统进行测试，这里进行实拍图像实验。测试方法为：人距摄像头云台 4.5 m，以 1 m/s 的速度在视场内折返行进（如图 4-14 所示），测试时间为 $t_{total}=15\ s$，$30\ s$，$45\ s$，记成功跟踪目标的时间 $t_s$，以跟踪概率 $P_s$ 为评判标准。当目标中心与图像中心偏差大于阈值时，2 s 内修正偏差跟踪目标则视为成功，超过 2 s 视为失败。

由图 4-15 和表 4-2 实验结果可以看出，基于目标检测算法的摄像头云台跟踪概率在 86.6% 以上，性能良好，系统具备一定的鲁棒性和稳健性，满足设计预期。

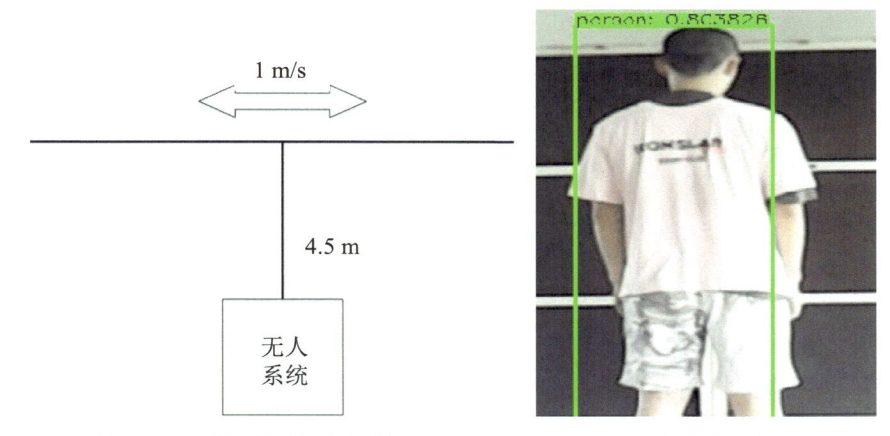

图 4-14　目标检测算法实验场地　　　图 4-15　摄像头云台实测图

表 4-2　摄像头云台跟踪情况

| 序号 | 测试时长 $t_{total}$ /s | 成功跟踪时间 $t_s$ /s | 成功跟踪概率 $P_s$ |
|---|---|---|---|
| 1 | 15 | 13 | 86.6% |
| 2 | 30 | 27 | 90% |
| 3 | 45 | 40 | 88.8% |

云台跟踪系统的设计目的是根据图像中目标的位置控制云台方位及俯仰运动，使摄像头光轴指向运动目标。本书根据设计目的和现有条件设计了基于位置的视觉云台控制系统，完成了硬件、软件系统的设计，完成实物跟踪系统的搭建，并利用该系统进行运动目标检测与跟踪性能实验，实验结果表明该系统从原理上来说是可行的。

## 4.5　本章小结

本章首先以 MobileNet V2 网络和 SSD 为基础，设计了目标检测网络，通过迁移学习完成了网络的学习和训练，为跟踪系统的设计和实现奠定了基础；然后，设计了以二维云台为核心的实物跟踪系统，该系统包括主控系统、云台、摄像头、激光测距模块等；最后对跟踪系统进行了测试。实验结果表明该跟踪系统设计是可行的，能够实现对目标的鲁棒跟踪。

# 第 5 章 基于区域建议的块图像红外目标检测

## 5.1 引言

红外目标通常为点状或斑状小目标，缺乏形状和结构信息，且信噪比低，在复杂背景下红外弱小目标检测非常困难。目前红外弱小目标的检测方法主要分为基于序列和基于单帧图像的检测方法。与基于序列的方法相比，基于单帧的方法，能够更好地适应目标背景的变化及目标运动轨迹的不连续性。红外块图像（Infrared Patch-image, IPI）模型，属于典型的单帧红外图像目标检测。该模型将目标-背景分离问题转化为从低秩矩阵中恢复稀疏矩阵的鲁棒主成分分析问题，从而进一步提升了算法的背景抑制性能，目标检测性能优异、虚警率低。虽然该模型相较传统方法具有一定优势，但也存在以下问题：（1）处理复杂背景时，目标图像中会存在大量背景杂波；（2）需要分解的矩阵尺寸较大，导致该方法计算量过大，检测速度慢。针对 IPI 模型存在的问题，后续提出了多种改进算法，主要针对权值设定和矩阵恢复算法进行了完善，但难以同时兼顾鲁棒性和实时性。

为此，本章主要对处理过程块图像构造进行了改进，提出了基于区域建议的预选块图像模型红外小目标检测算法：一方面，根据红外小目标的先验信息计算原始块图像局部灰度对比度，经阈值分割得到比原方法块图像尺寸更小的预选目标块图像，减少了从低秩矩阵恢复稀疏矩阵的时间，进而提升检测速度；另一方面，针对预选目标块图像中平滑的背景信息减少的问题，引入加权核范数以更好地描述背景的低秩特性，减少背景边缘和高亮区域干扰。

## 5.2 IPI 模型简介

IPI 模型是将传统的红外图像模型转化为分块图像模型。一幅红外图像可以看成由背景、目标和噪声等三种成分构成，即

$$D = B + T + N \tag{5-1}$$

式中，$D$、$B$、$T$、$N$ 分别为构造的原始块图像、背景块图像、目标块图像以及噪声块图像。

对于目标块图像而言，由于对于整个图像来说目标本身很小，因此目标图像 $T$ 可

以看作稀疏矩阵[138]，即

$$\|T\|_0 < k \tag{5-2}$$

式中，$\|\cdot\|_0$ 表示 $l_0$ 范数，$k$ 由图像中目标的数量及尺寸大小决定。显然 $k \leqslant m \times n$（$m \times n$ 为 $T$ 的大小），即矩阵 $T$ 的大多数项值为零。

对于背景块矩阵 $B$ 而言，由于背景块图像奇异值迅速减少至零，因此可以把 $B$ 看作一个低秩矩阵[139]，即

$$\mathrm{rank}(B) \leqslant r \tag{5-3}$$

式中，$r$ 为常数，其限制了背景图像的复杂度，复杂背景下的 $r$ 值大于均匀背景下的 $r$ 值。

对于噪声块矩阵 $N$ 而言，假定红外图像中的随机噪声为高斯噪声[18]，则 $\|N\|_f \leqslant \delta$，$\delta > 0$，结合式（5-1）可得式（5-4）：

$$\|D - B - T\|_f \leqslant \delta \tag{5-4}$$

式中，$\|\cdot\|_f$ 表示 Frobenius 范数。

红外小目标检测本质为从数据矩阵中分离低秩和稀疏矩阵的问题，可以根据主成分追踪（Principle Component Pursuit，PCP）理论，将目标检测任务转化为恢复背景矩阵、目标矩阵和一个重构误差项的最小化问题，其模型如下：

$$\min_{B,T} \|B\|_* + \lambda \|T\|_1, \mathrm{s.t.} \|D - B - T\|_f \leqslant \delta \tag{5-5}$$

式中，$\|\cdot\|_*$ 表示矩阵核范数，$\|\cdot\|_1$ 表示 $l_1$ 范数，$\lambda > 0$ 是权重常数。为了提高求解可行性，式中对式（5-3）、（5-4）进行了凸松弛，即将 $\|B\|_*$、$\|T\|_1$ 分别替代 $\mathrm{rank}(B)$、$\|T\|_0$。

公式（5-5）所示的非凸优化问题可以通过加速近端梯度（Accelerated Proximal Gradient，APG）求解。实验结果表明，与其他传统方法相比，IPI 模型具有较强的鲁棒性。但是，当面临背景较为复杂的环境时，所恢复的目标图像中包含大量的边缘和噪声污染，从而导致虚警率增加。因为强边缘和随机噪声污染，破坏了公式（5-1）所示的理论模型，即背景矩阵是低秩的。除此之外，由于 IPI 模型以滑窗方式扫描整幅图像，分解矩阵的尺寸巨大，在恢复目标图像时，会极大地增加算法的复杂度。因此，速度是 IPI 模型的另外一个缺陷。

## 5.3 基于区域建议的 IPI 模型

IPI 模型将红外图像视作目标、背景和噪声的线性叠加。利用目标图像的稀疏特性和背景图像的低秩特性，构造优化模型，将低秩和稀疏矩阵的分解问题转换为如公式（5-5）所示的优化问题。

在 IPI 模型中，以滑窗的方式扫描整幅红外图像，每次扫描可获得 1 个块图像 $\boldsymbol{p}$，红外块图像矩阵 $\boldsymbol{O'}$ 指由这些块图像构成的块矩阵，如下式所示：

$$\boldsymbol{O'} = \begin{bmatrix} \boldsymbol{p}_{11} & \cdots & \boldsymbol{p}_{1j} & \cdots & \boldsymbol{p}_{1r} \\ \vdots & & \vdots & & \vdots \\ \boldsymbol{p}_{i1} & \cdots & \boldsymbol{p}_{ij} & \cdots & \boldsymbol{p}_{ir} \\ \vdots & & \vdots & & \vdots \\ \boldsymbol{p}_{s1} & \cdots & \boldsymbol{p}_{sj} & \cdots & \boldsymbol{p}_{sr} \end{bmatrix} \quad (5\text{-}6)$$

式中，$s$ 和 $r$ 表示红外块图像矩阵的最大行数和列数，其大小取决于原始图像的大小、滑动窗口的大小和滑动步长。例如，当窗口在列方向滑动 $i$ 步、在行方向滑动 $j$ 步时，我们可以得到 $\boldsymbol{p}_{ij}$。

由于块图像 $\boldsymbol{p}_{ij}$ 是通过滑窗的方式获得的，块图像中不仅包含了目标，还包含了背景和噪声。这样一方面增大了待分解矩阵的维度，另一方面引入了噪声，降低了算法的鲁棒性。为此，这里采用深度学习领域区域建议的思想，将块图像进行分类，筛选出目标块图像，这样可以得到更小的待分解矩阵，降低算法的复杂度，同时降低背景和噪声的干扰。下面首先介绍如何利用区域建议思想对原始块图像进行筛选。

### 5.3.1 候选目标块图像的生成

由于滑窗导致候选块图像的数量剧增，从而导致待分解矩阵尺寸过大，从而影响了算法速度。那能否通过对候选块图像进行筛选，降低分解矩阵的尺寸呢？在目标检测领域，通常利用区域建议算法生成候选目标区域，从而减少候选框的数量，如 RCNN 算法[2]。区域建议算法是生成目标候选框的一种有效方法，其本质是对原始图像进行初始分割。许多学者对区域建议方法进行了研究，这些方法适合于纹理丰富目标图像，包括轮廓、形状等。但红外目标大多属于小目标，缺少固定的形状和纹理，通常是点目标，所以无法将现有的区域建议方法直接应用于红外目标。这里以图像的局部对比度为基础，提出了一种适合于红外图像的候选区域产生方法。

红外图像中目标、背景和噪声具有显著的外观差别，可以很容易地从图像灰度层级和分布上进行有效区分。因此可以采用图像对比度来区分目标、背景和噪声。这里将每个块图像的局部灰度对比度作为特征来提取候选块图像。一般来说，红外小目标具有较高的局部对比度，即在各个方向上目标比周围的背景更亮或更暗。此外，噪声通常表现为尺寸很小的孤立点，红外目标通常表现为有一定尺寸的斑点，因此噪声比目标更亮或者更暗。

考虑这些因素，设计了两层窗口来衡量块图像的局部对比度。滑动窗口大小为 5×5 的图像区域，整个窗口分为两个区域，如图 5-1 所示。其中中间浅色部分 T 指目标区域，四周深色部分 B 指背景区域。

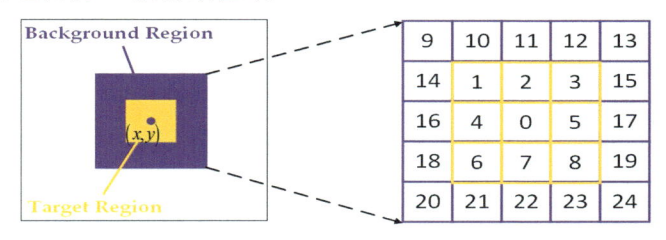

**图 5-1　局部对比度计算的滑动窗口**

根据滑动窗口的形式，这里定义两个参数 $c_1(x,y)$ 和 $c_2(x,y)$ 来衡量窗口的局部对比度，其中这两个参数的计算方法如下式所示：

$$c_1(x,y) = \frac{M_T}{M_B} = \frac{\sum_{a^2}^{1} m_i / (a^2-1)}{\sum_{b^2-a^2}^{a^2} m_i / (b^2-a^2)} \tag{5-7}$$

$$c_2(x,y) = \frac{m_0}{M_T} = \frac{m_0}{\sum_{a^2}^{1} m_i / (a^2-1)} \tag{5-8}$$

式中，$M_T$ 和 $M_B$ 分别表示目标和背景区域的图像灰度均值，$a$ 表示目标区域的大小，$b$ 表示背景区域的大小，$m_i$ 表示第 $i$ 个像素的灰度值，$m_0$ 表示第 0 个像素，即中心像素的灰度。根据公式（5-7）和（5-8）计算而来的 $c_1$ 和 $c_2$ 就表征了图像 $(x,y)$ 处的局部对比度，在本书中，$a=3$，$b=5$。

图 5-2 所示为红外图像上目标、背景和噪声块图像的灰度分布差别。很明显，由目标块图像计算得到的对比度要大于背景块图像，小于噪声块图像。即

$$c_b < c_1, c_2 < c_n \tag{5-9}$$

以上式为基础，定义一个分类函数 $S(c_1,c_2)$，来对候选块图像进行筛选，以判断是目标块图像，还是背景与噪声块图像，如下式所示：

$$\boldsymbol{p}_{sr}' = S(c_1,c_2) = \begin{cases} \boldsymbol{t}_p, & c_{\min} < c_1 \, \& \, c_2 < c_{\max} \\ \boldsymbol{b}_p, & others \end{cases} \quad (5\text{-}10)$$

式中，$\boldsymbol{t}_p$ 表示候选目标块图像，$\boldsymbol{b}_p$ 表示非目标块图像，包含噪声和背景。除此之外，这里主要关注目标，因此将非目标块图像舍弃，以此来简化模型。$c_{\min}$ 和 $c_{\max}$ 是阈值参数，这里通过大量实验确定这两个参数，具体参数确定方法详见参数分析一节。

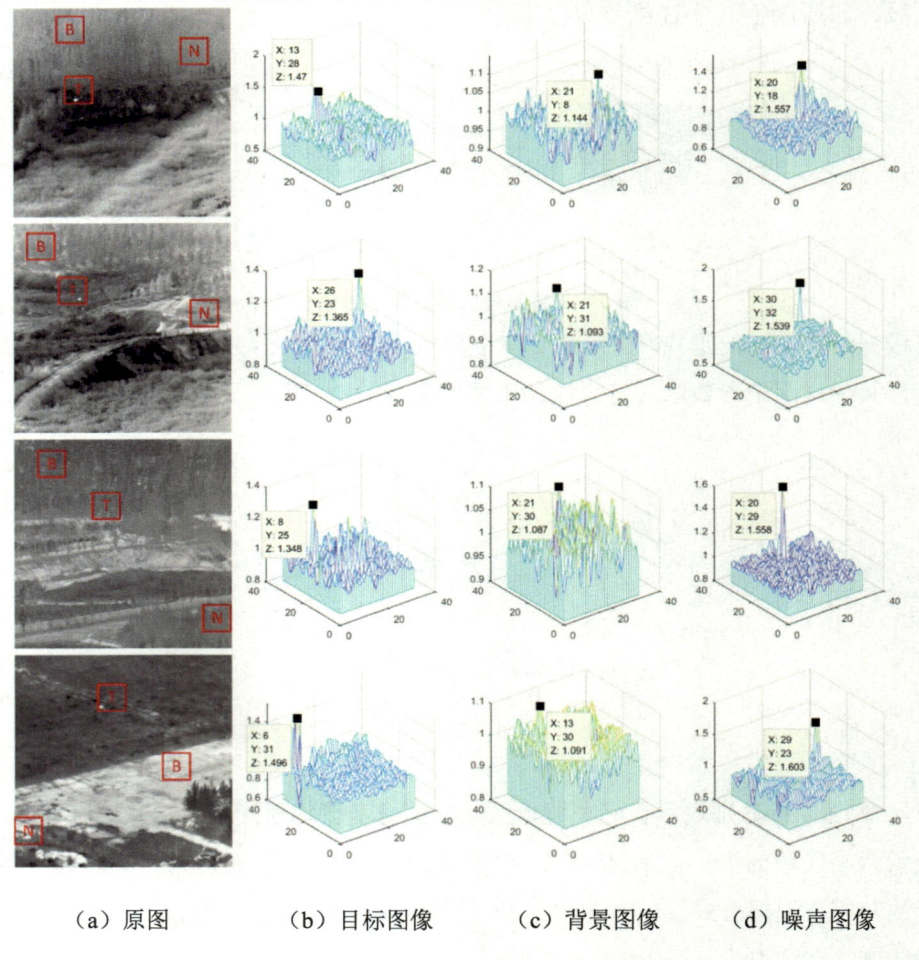

（a）原图　　　　（b）目标图像　　　　（c）背景图像　　　　（d）噪声图像

图 5-2　目标、背景和噪声块图像的图像灰度差别

## 5.3.2　构造候选目标块图像矩阵

基于区域建议的候选目标块图像矩阵（RPPI）的构造过程主要分为三步，如图

5-3 所示。

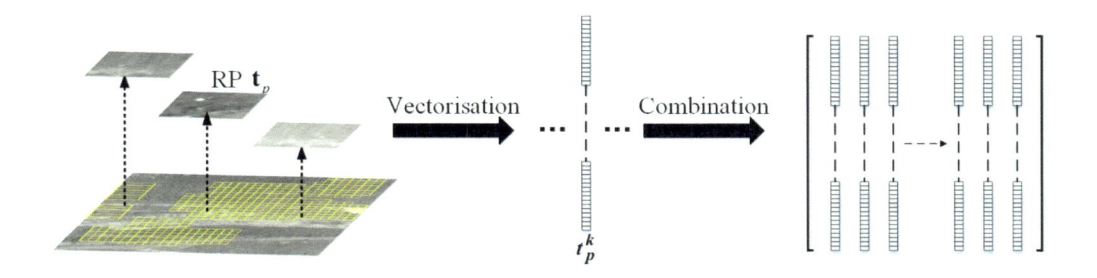

**图 5-3　由原始图像提取候选区域的过程**

第一，采用由左上至右下顺序，滑窗获得候选块图像 $p_{sr}$，根据公式（5-8）和（5-9）计算该块图像的对比度。

第二，利用公式（5-10），将原始候选块图像进行分类，划分为候选目标块图像（Region Proposals，RPs）$t_p$ 和非目标块图像 $b_p$，目标块图像如图 5-3 所示的黄色方格区域。

第三，将每一个候选目标块图像 $t_p$ 转化为列向量 $t_p^k$，$k$ 表示第 $k$ 个列向量。每一个列向量均是带分解矩阵的一列 $T_p$。$T_p$ 即为待分解的候选目标块图像矩阵，非目标块图像 $b_p$ 直接用来构造背景图像。

整个候选目标块图像矩阵的构造方法详见算法 1。显然，由于进行了初始的目标分割，矩阵 $T_p$ 的尺寸要比公式（5-5）所示的矩阵 $D$ 小得多。

**Algorithm 1: Extracting region proposals**

**Input**: Original image $O$ in the size of $m \times n$

**Output**: Region proposal patch-image $T_p$ in the size of $m' \times n'$

**Initialize**: Threshold values $c_{\min}$=1.25 and $c_{\max}$=1.50, sliding window size of patch construction $w_m \times w_n$=32×32, sliding step of patch construction $x_{\text{step}}$=12 and $y_{\text{step}}$=12, sliding window size of local gray contrast measurement $a \times a$=3×3 and $b \times b$=5×5.

**Function** [TN] = contrast（image patch $p$）

1: **for** $x = 1:w_m$
2: 　**for** $y = 1:w_n$
3: 　　$c_1, c_2$ is calculated by equation（5-7）and（5-8）
4: 　　**if** $c_{\min} < c_1 \ \& \ c_2 < c_{\max}$

5:　　　　return True;

6:　　end if

7:　end for

8: end for

9: return False;

end Function

**Main**

1:　for $i = 1 : y_{step} : m - w_m + 1$

2:　　for $j = 1 : x_{step} : n - w_n + 1$

3:　　　Obtain image patch $\boldsymbol{p}_{ij} = \boldsymbol{O}(i : i + w_m - 1, j : j + w_n - 1)$

4:　　　if contrast（image patch $\boldsymbol{p}_{ij}$）==True

5:　　　　$\boldsymbol{T}_p = [\boldsymbol{T}_{p,1}, \boldsymbol{p}_{ij}(:)]$;

6:　　　else

7:　　　　$\boldsymbol{b}_p = \boldsymbol{p}_{ij}$;

8:　　end if

9:　end for

10:end for

end Main

### 5.3.3 APG 优化方法

由于对原始块图像进行了初始阈值分割，待分解矩阵由 $\boldsymbol{D}$ 变换为了候选目标块图像 $\boldsymbol{T}_p$，因此在 APG 算法中，公式（5-5）的优化问题可松弛为

$$\min_{\boldsymbol{B},\boldsymbol{T}} F(x) = \mu \|\boldsymbol{B}\|_* + \mu\lambda \|\boldsymbol{T}\|_1 + \frac{1}{2} \|\boldsymbol{T}_p - \boldsymbol{B} - \boldsymbol{T}\|_F^2 \tag{5-11}$$

目标函数 $F(x)$ 的最小化可分解为两个子问题，$\boldsymbol{B}$ 和 $\boldsymbol{T}$ 可通过迭代过程进行更新，如公式（5-12）和公式（5-13）所示：

$$\boldsymbol{B}_{k+1} = \arg\min_{\boldsymbol{B}} \mu_k \|\boldsymbol{B}\|_* + \frac{L_f}{2} \|\boldsymbol{B} - \boldsymbol{G}_k^B\|_F^2 \tag{5-12}$$

$$\boldsymbol{T}_{k+1} = \arg\min_{\boldsymbol{T}} \mu_k \lambda \|\boldsymbol{T}\|_1 + \frac{L_f}{2} \|\boldsymbol{T} - \boldsymbol{G}_k^T\|_F^2 \tag{5-13}$$

基于 FISTA 算法[140]，$G_k^B = \left(Y_k^B + \left(T_p - Y_k^T - Y_k^B\right)\right)/L_f$、$G_k^T = \left(Y_k^T + \left(T_p - Y_k^T - Y_k^B\right)\right)/L_f$、$\mu_k$、$Y_k^B$ 和 $Y_k^T$ 等可以通过公式（5-14）至公式（5-16）分别迭代更新：

$$\mu_{k+1} = \max\left(\eta\mu_k, \overline{\mu}\right) \tag{5-14}$$

$$Y_k^B = B_k + \frac{t_{k-1} - 1}{t_k}\left(B_k - B_{k-1}\right) \tag{5-15}$$

$$Y_k^T = T_k + \frac{t_{k-1} - 1}{t_k}\left(T_k - T_{k-1}\right) \tag{5-16}$$

式中，$t_k$ 根据 $t_k = \left(1 + \sqrt{1 + 4t_{k-1}^2}\right)/2$ 进行更新。

为公式（5-12）和公式（5-13）引入迭代阈值算法，进行奇异值分解，其中对于这个子问题 Lipschitz 常量 $L_f = 2$。

$$B_{k+1} = US_{\mu/2}(\Sigma)_i V^T \tag{5-17}$$

$$T_{k+1} = S_{\lambda\mu/2}\left[G_k^T\right] \tag{5-18}$$

式中，$U$ 和 $V$ 分别表示左、右奇异值正交矩阵。$S$ 为公式（5-19）所示的软阈值函数。

$$S_\varepsilon[x] = \begin{cases} x - \varepsilon, & x > \varepsilon \\ x + \varepsilon, & x < \varepsilon \\ 0, & \text{others} \end{cases} \tag{5-19}$$

### 5.3.4 加权的核范数

红外目标的背景图像往往比较复杂，具有很多边缘和混叠，如图 5-4 所示。该图第 1 行为 4 幅复杂背景的红外图像，第 2 行分别对应原始块图像矩阵和经阈值分割后候选块图像矩阵的奇异值。

这里定义小于 1 的奇异值比率 $r_{s<1} = n_{s<1}/n$，其中 $n$ 表示奇异值矩阵的总维数，$n_{s<1}$ 表示奇异值小于 1 的奇异值数量。显然，较大的 $r_{s<1}$ 表示矩阵中的稀疏分量更多。4 幅图像的 $r_{s<1}$ 如表 5-1 所示。

表 5-1  4 幅图像的 $r_{s<1}$

| $r_{s<1}$ | First image | Second image | Third image | Fourth image |
|---|---|---|---|---|
| $r_{s<1}$ of original patch-image | 68.85% | 71.22% | 68.57% | 72.06% |
| $r_{s<1}$ of RP patch-image | 37.38% | 52.70% | 53.59% | 33.14% |

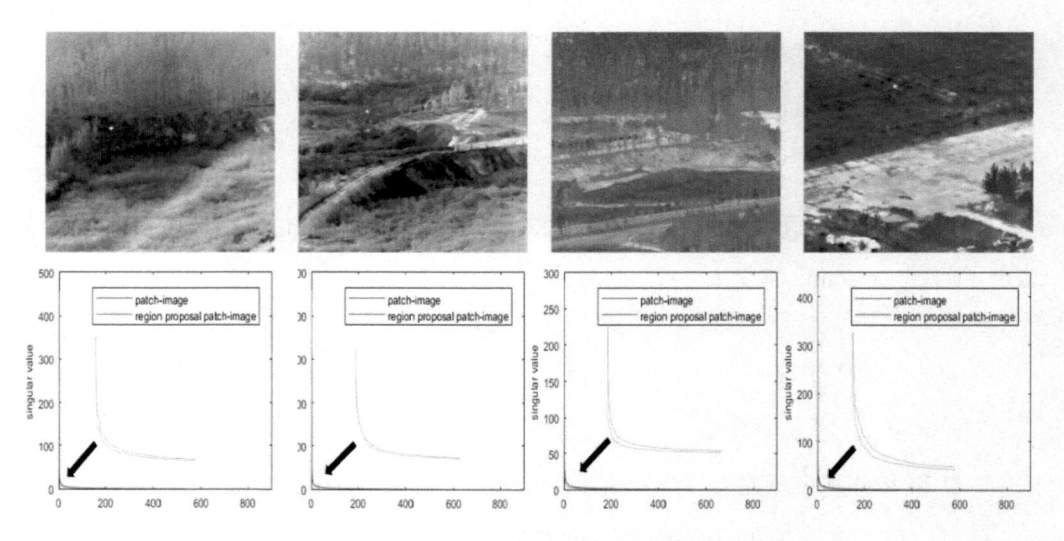

图 5-4  复杂背景下的红外背景图像

由图 5-4 可知，不论是原始图像的块图像矩阵，还是候选目标块图像矩阵的奇异值均快速衰减到 0。但是由表 5-1 可知，候选目标块图像矩阵的 $r_{s<1}$ 要小于原始的块图像。这是由于候选目标块图像经过筛选，基本上剔除了背景信息。

在一幅图像中，较大的奇异值通常对应于矩阵的主成分，如图像中边缘和纹理信息。如果将所有奇异值设置为相同的权重，由此恢复的背景图像将会失去一些细节信息。这些细节将会被误判为目标，导致所恢复的目标图像包含较多的虚假目标。每一个奇异值具有不同的重要性，所以应该区别对待[141]。

基于以上讨论，这里引入加权的核范数（Weighted Nuclear Norm，WNN）来抑制非目标区域的奇异值，以达到保存背景图像主要信息的目的。这样所恢复的目标图像包含的背景信息较少，虚警率较低。WNN 定义如下式所示：

$$\|\boldsymbol{B}\|_{w,*} = \sum_i w_i \delta_i(\boldsymbol{B}) \tag{5-20}$$

式中，$\boldsymbol{w} = \begin{bmatrix} w_1 & w_2 & \cdots & w_n \end{bmatrix}^\mathrm{T}$（$w_i \geqslant 0$）为非零权重。

与原核范数相比，WNN 基于目标、背景以及噪声的先验信息，定义了合理的权重，将会有利于（5-11）问题的求解。权重向量 $w$ 将会增强原核范数的表达能力。为了抑制背景信息，以更好地由 RPPI 估计稀疏数据，我们希望压缩较小的奇异值分量，保持较大的奇异值。在进行矩阵分解之前，提取 RPs，大多数噪声将会被滤除，因此由 RPPI 估计的稀疏数据的主要信息属于目标。

基于以上讨论，自适应的权重参数定义如下：

$$w_i^k = C \big/ \left[ \delta_i \left( \boldsymbol{B}^{k-1} \right) + \varepsilon \right] \tag{5-21}$$

式中，$\delta_i \left( \boldsymbol{B}^{k-1} \right)$ 表示 $\boldsymbol{B}$ 第 $i$ 个奇异值，参数 $\varepsilon$ 足够小以保证分母不为 0。正则化参数 $C = \mu_k \rho \sqrt{n}/2$ 为正数。$\mu_k$ 表示 $\mu$ 第 $i$ 次迭代的值，$n$ 表示被分解矩阵的列数，$\rho$ 表示惩罚因子。

通过下式所示加权的奇异值软阈值操作，可以得到闭式的最优解：

$$S_C(\Sigma)_i = \begin{cases} 0, & c_2 < 0 \\ (c_1 + \sqrt{c_2})/2, & c_2 \geqslant 0 \end{cases} \tag{5-22}$$

式中，$c_1 = \delta_i(\boldsymbol{B}) - \varepsilon$，$c_2 = \left[ \delta_i(\boldsymbol{B}) + \varepsilon \right]^2 - 4C$。

利用软阈值操作，我们可以直接将原始的奇异值分量压缩到 0 或者 $(c_1 + \sqrt{c_2})/2$，就像 WNN 方法中的软阈值操作一样。最后公式（5-17）可以重写为

$$\boldsymbol{B}_{k+1} = \boldsymbol{U} S_C(\Sigma)_i \boldsymbol{V}^T \tag{5-23}$$

上述所提模型的求解方法详见算法 2。

**Algorithm 2: WNN-APG slover to the RPPI model**

**Input**: Region proposal patch-image $\boldsymbol{T}_p \in \mathbf{R}^{m' \times n'}, \lambda, \rho$

**Output**: Background patch-image $\boldsymbol{B}$, target patch-image $\boldsymbol{T}$
**Initialize**: $\boldsymbol{B}_0 = \boldsymbol{B}_{-1} = 0, \boldsymbol{T}_0 = \boldsymbol{T}_{-1} = 0, t_0 = t_{-1} = 1, \mu_0 > 0, \overline{\mu} > 0, \eta < 1$

**While** not converged **do**

1: Fix the others and update **B** by

$$\boldsymbol{B} = \arg\min_{\boldsymbol{B}} \frac{\mu}{2} \|\boldsymbol{B}\|_{w,*} + \frac{1}{2} \left\| \boldsymbol{B} - \left[ \boldsymbol{Y}_B - \left( \boldsymbol{Y}_B + \boldsymbol{Y}_T - \boldsymbol{T}_p \right)/2 \right] \right\|_F^2$$

2: Fix the others and update **T** by

$$\boldsymbol{T} = \arg\min_{\boldsymbol{T}} \frac{\lambda \mu}{2} \|\boldsymbol{T}\|_1 + \frac{1}{2} \left\| \boldsymbol{T} - \left[ \boldsymbol{Y}_T - \left( \boldsymbol{Y}_T + \boldsymbol{Y}_B - \boldsymbol{T}_p \right)/2 \right] \right\|_F^2$$

3: Fix the others and update $t_{k+1}$ by
$$t_{k+1} = \left(1+\sqrt{1+4t_k^2}\right)/2$$

4: Fix the others and update $Y_{k+1}^B, Y_{k+1}^T$ by
$$Y_{k+1}^B = B_{k+1} + \frac{t_k-1}{t_{k+1}}(B_{k+1}-B_k), Y_{k+1}^T = T_{k+1} + \frac{t_k-1}{t_{k+1}}(T_{k+1}-T_k)$$

5: Update $\mu_{k+1}$ by
$$\mu_{k+1} = \max(\eta\mu_k, \bar{\mu})$$

6: Check the convergence conditions
$$\|T_p - B - T\|_\infty < \delta$$

**End While**

为了证明 WNN 的有效性，以图 5-4 为例，进行了仿真实验。图 5-5 所示为 WNN 方法和非 WNN 方法的检测结果。由实验结果可以看出，在第 2 行非 WNN 方法所恢复的目标图像中，包含了很多背景成分（图中椭圆框），将会导致虚警率增高。因此，对于红外小目标检测而言，利用 WNN 算法压缩非目标成分具有重要意义，特别是面对极端复杂背景和较重噪声。

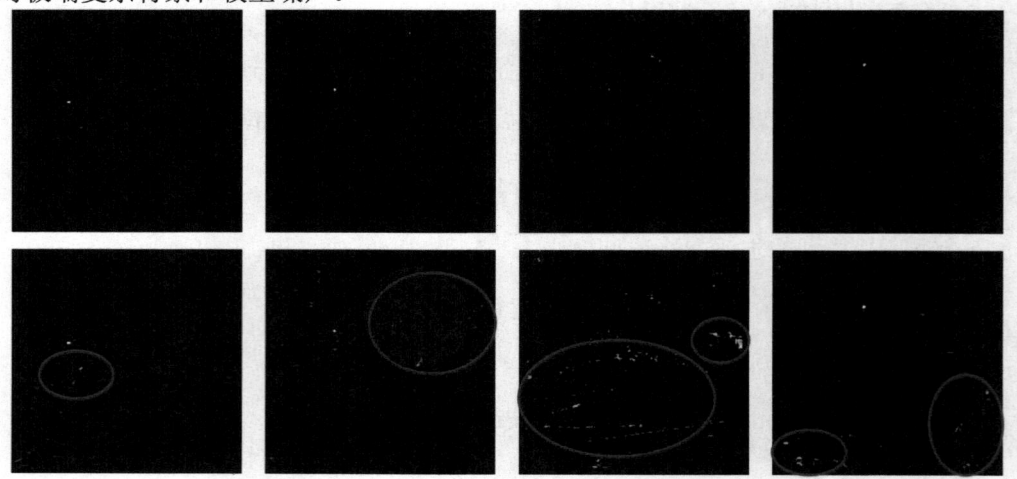

图 5-5　WNN 方法和非 WNN 方法的检测结果

### 5.3.5 目标和背景图像的重建

根据候选目标块图像的图像位置与所恢复目标块图像矩阵 $T$ 对应的列向量，可以恢复目标的图像，如图 5-6 所示。由于 $T$ 是基于候选目标块图像恢复的，而候选目标块图像是不完整的，因此中间的图像是不完整的。考虑到缺失部分为背景或者噪声，

第 5 章　基于区域建议的块图像红外目标检测

这里将非目标区域用 0 填充，从而得到最终的目标图像。

图 5-6　目标图像的重建过程

与目标图像的重建过程相似，基于 $\boldsymbol{B}$（图 5-7 第 2 列）可以重建背景图像。对于所恢复的不完整背景图像，用由 $\boldsymbol{b}_p$ 构成的非目标图像（图 5-7 第 3 列）进行填充，以获得完整的背景图像，如图 5-7 第 4 列所示。即利用 RPPI 分解所得到的背景与候选非目标块图像进行叠加，从而产生整幅背景图像。

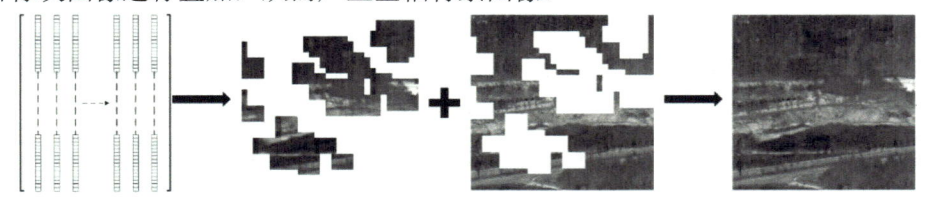

图 5-7　背景图像的重建过程

### 5.3.6　运行流程

基于区域建议的 IPI 模型的整体运行流程如图 5-8 所示，主要包括三步：

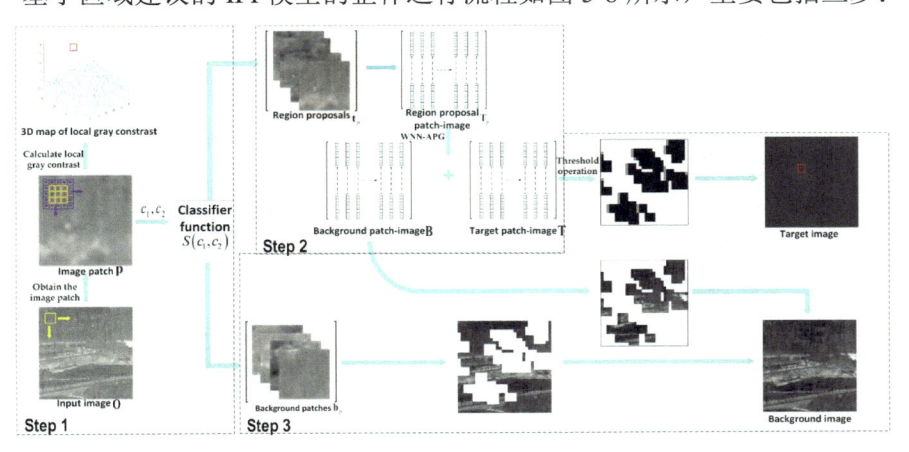

图 5-8　基于区域建议的 IPI 模型运行流程

第一步，生成候选块图像，包括候选目标块图像和非目标块图像。对于给定的红

外图像 $O \in \mathbf{R}^{m \times n}$，通过滑动大小 $w_n \times w_m$ 窗口获得块图像 $p \in \mathbf{R}^{w_n \times w_m}$。然后，以块图像 $p$ 为中心，计算局部灰度对比度 $c_1$ 和 $c_2$。基于分类函数 $S(c_1, c_2)$ 提取候选目标块图像和非目标块图像。重复第一步直至遍历整幅图像。

第二步，分解稀疏目标图像和低秩背景图像。将候选目标块图像 $t_p$ 转化为列向量，构造候选目标块图像矩阵 $T_p$，以该矩阵 $T_p$ 为基础分解稀疏矩阵 $T$（目标图像）和低秩矩阵 $B$（背景图像）。

第三步，重建目标图像和背景图像。基于分解的结果，可以通过自适应的后验滤波来从重建图像分割目标，阈值选择方法与原 IPI 模型相同。

## 5.4 实验结果分析

### 5.4.1 实验准备

通过开展实拍图像实验，验证 RPPI 模型对小目标的增强和对背景的抑制能力，同时考查算法运行速度的提升。实验图像如图 5-9 所示，包括 16 幅不同场景的图像。

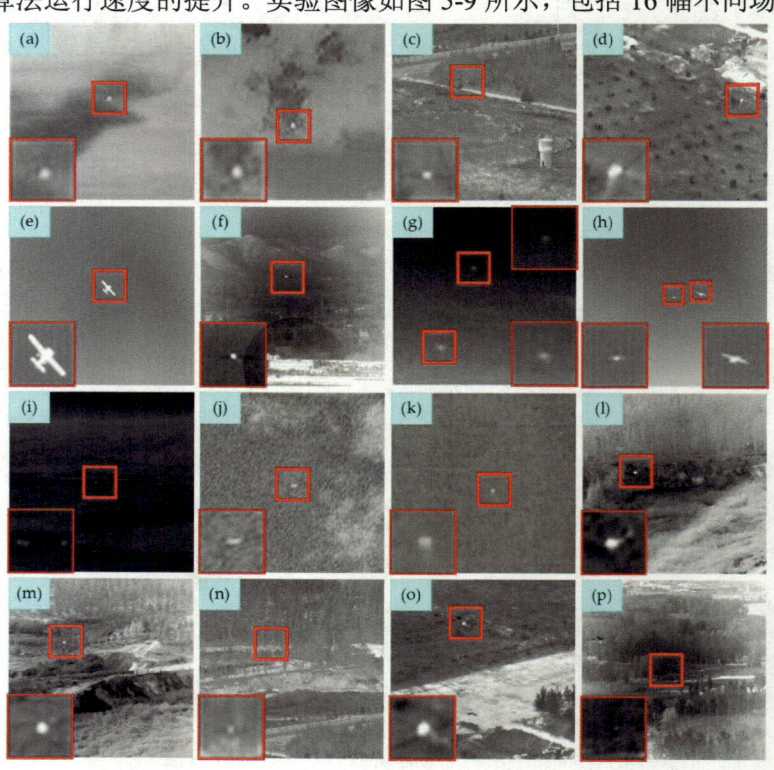

图 5-9 复杂背景下红外目标图像

在图 5-9 中，图（a）至（f）对应场景 1，图像背景比较单一，红外目标强度比较微弱。图（g）至（i）对应场景 2，包括多个红外目标。图（j）至（k）对应场景 3，红外目标淹没于噪声中。除了以上测试图像外，还采用了 5 组真实的红外图像序列验证本书算法的性能[142]，如图（l）至图（p）。这些图片的详细描述如表 5-2 所示，加粗字体表示每组图像的主要特征。为了显示方便，这些图像转换到相同大小，并用矩形框表示目标的大小，图像左下角是经过放大的目标图像。

表 5-2　数据集详细描述

| Group | #Frame | Size | Target description | Background description |
| --- | --- | --- | --- | --- |
| Scenes 1 | 8 | 256×256, 281×240 etc. | Different target size and type. | Different background types, including floccus clouds, rivers and forest etc. |
| Scenes 2 | 17 | 198×134,188×137 etc. | **Multiple** targets | Different background types, including floccus clouds, sea etc. |
| Scenes 3 | 9 | 360×278,186×155 etc. | Buried in the **noises** | Heavy noises. |
| Sequence 1 | 100 | 256×256 | Buried in the forest **Move fast** | Complex backgrounds with the forest |
| Sequence 2 | 100 | 256×256 | Very **small and low-contrast** Move along the road edge | Some manmade artifacts |
| Sequence 3 | 100 | 256×256 | Very **dim and small** Buried in the forest and mountains | Strong background edges with trees, mountains and roads |
| Sequence 4 | 100 | 256×256 | Move fast with **changing shape** Brightness | Many clutters Some bright regions |
| Sequence 5 | 100 | 256×256 | Very **dim and small** Buried in buildings | Some target-like points Highlight regions |

在实验过程中，采用了 10 种算法与 RPPI 模型进行对比，包括 LCM[67]、Top-Hat[143]、Max-median 滤波[144]、MPCM[145]、IPI 模型[74]、RIPT[76]、NIPPS[77]、PSTNN[146]、NRAM[147]、MDvsFA[73]等。由于基于深度学习的红外目标检测算法模型的训练和调试比较困难，这里仅选择了一种基于深度学习的红外目标检测算法 MDvsFA 作为对比，MDvsFA 算法是最具代表性的深度学习方法之一。这些算法的训练数据和条件均采用默认设置。上述算法的参数设置详见表 5-3。所有算法在 Windows 10 环境下，用 MATLAB 或 Python 实现，实验计算机配置：i5-7300HQ CPU @ 2.50 GHz，12 G RAM。

表 5-3　测试算法详细参数设置

| Method | Parameters |
|---|---|
| LCM | Cell size: 3×3 |
| Top-Hat | Structure shape: square, structure size: 7×7 |
| Max-median | Filter window size: 15×15 |
| MPCM | Mean filter window size: 3×3, $N$= 3, 5, 7, 9 |
| MDvsFA | Generator learning rate: $10^{-4}$, discriminator learning rate: $10^{-5}$, epoch: 30, iteration number: 30000, algorithmic coefficients: $\alpha_1 = 100, \alpha_2 = 10$ |
| IPI | Patch size: 50×50, sliding step: 10, $\lambda = 1/\sqrt{\max(m,n)}$, $\varepsilon = 10^{-7}$ |
| RIPT | Patch size: 30×30, sliding step: 10, $\lambda = L/\sqrt{\max(m_1,m_2)*m_3}$, $\varepsilon = 10^{-7}$, $L = 0.7$, $h = 1$ |
| NIPPS | Patch size: 50×50, sliding step: 10, $\lambda = 1/\sqrt{\max(m,n)}$, $\varepsilon = 10^{-7}$ |
| PSTNN | Patch size: 40×40, sliding step: 40, $\lambda = 0.6/\sqrt{\max(m_1,m_2)*m_3}$, $\varepsilon = 10^{-7}$ |
| NRAM | Patch size: 50×50, sliding step: 10, $\lambda = 1/\sqrt{\min(m_1,m_2)*m_3}$, $\mu_0 = 3/\sqrt{\min(m_1,m_2)}$, $\gamma = 0.002$, $C = \sqrt{\min(m,n)/2.5}$, $\varepsilon = 10^{-7}$ |
| RPPI | Patch size: 32×32, sliding step: 12, $\lambda = 1/\sqrt{\max(m,n)}$, $c_{\min} = 1.25$, $c_{\max} = 1.50$, $\rho = 0.025$, $\varepsilon = 10^{-6}$ |

## 5.4.2 评价标准

为了定量评价所提算法 RPPI 模型的有效性，这里采用了信杂比增益 *SCRG*、背景抑制因子 *BSF* 以及受试者测试曲线图 ROC 等指标。*SCRG* 是应用最广泛的指标之一，其定义如下：

$$SCRG = \frac{SCR_{\text{out}}}{SCR_{\text{in}}} \quad (5\text{-}24)$$

式中，下标 out 和 in 分别表示重建的目标图像和原始红外图像，*SCR* 表示信杂比（signal to clutter ratio），其定义如下：

$$SCR = \frac{|\mu_t - \mu_b|}{\sigma_b} \quad (5\text{-}25)$$

其中，$\mu_t$ 和 $\mu_b$ 分别表示目标区域和目标局部邻域背景的像素均值，$\sigma_b$ 表示目标局部邻域背景的标准偏差。

*BSF* 表示背景抑制因子，采用目标局部邻域的标准偏差，度量背景抑制能力，其定义如下：

$$BSF = \frac{\sigma_{in}}{\sigma_{out}} \quad (5\text{-}26)$$

式中，$\sigma_{in}$ 和 $\sigma_{out}$ 分别表示处理前和处理后背景邻域的标准偏差。

目标区域和局部邻域背景区域的定义如图 5-10 所示。其中左图中矩形框表示目标及其局部邻域，其放大视图如右图所示，右图中矩形框表示目标区域。假定目标区域的大小为 $a \times b$，$d$ 表示背景局部邻域的宽度，$d$=15。

图 5-10 目标区域及其局部邻域的定义

除了 *SCRG* 和 *BSF* 外，检测率 $P_d$ 和虚警率 $F_a$ 是评价红外目标检测算法的最重要指标。其定义如下：

$$P_d = \frac{TD}{AT} \quad (5\text{-}27)$$

$$F_a = \frac{FD}{NP} \quad (5\text{-}28)$$

式中，*TD*、*AT*、*FD* 和 *NP* 分别表示实际检测到的目标数量、序列测试中真实存在的目标数量、虚警区域中的像素个数以及测试序列中的总像素个数。ROC 曲线描述了不同虚警率下检测率的变化趋势。ROC 曲线下面积越大，目标检测算法的性能越好。

### 5.4.3 参数分析

上述所提 RPPI 模型参数包括块图像大小、块图像滑动步长、最小阈值 $c_{min}$、最大阈值 $c_{max}$ 以及惩罚因子 $\rho$ 等，适当的参数选择能够显著提升算法的性能。这里通过实验确定最佳的参数设置，在调整其中一个参数时，固定其他参数。以序列 1～5 为测试图像，不同参数组合所对应的 ROC 曲线如图 5-11 所示。

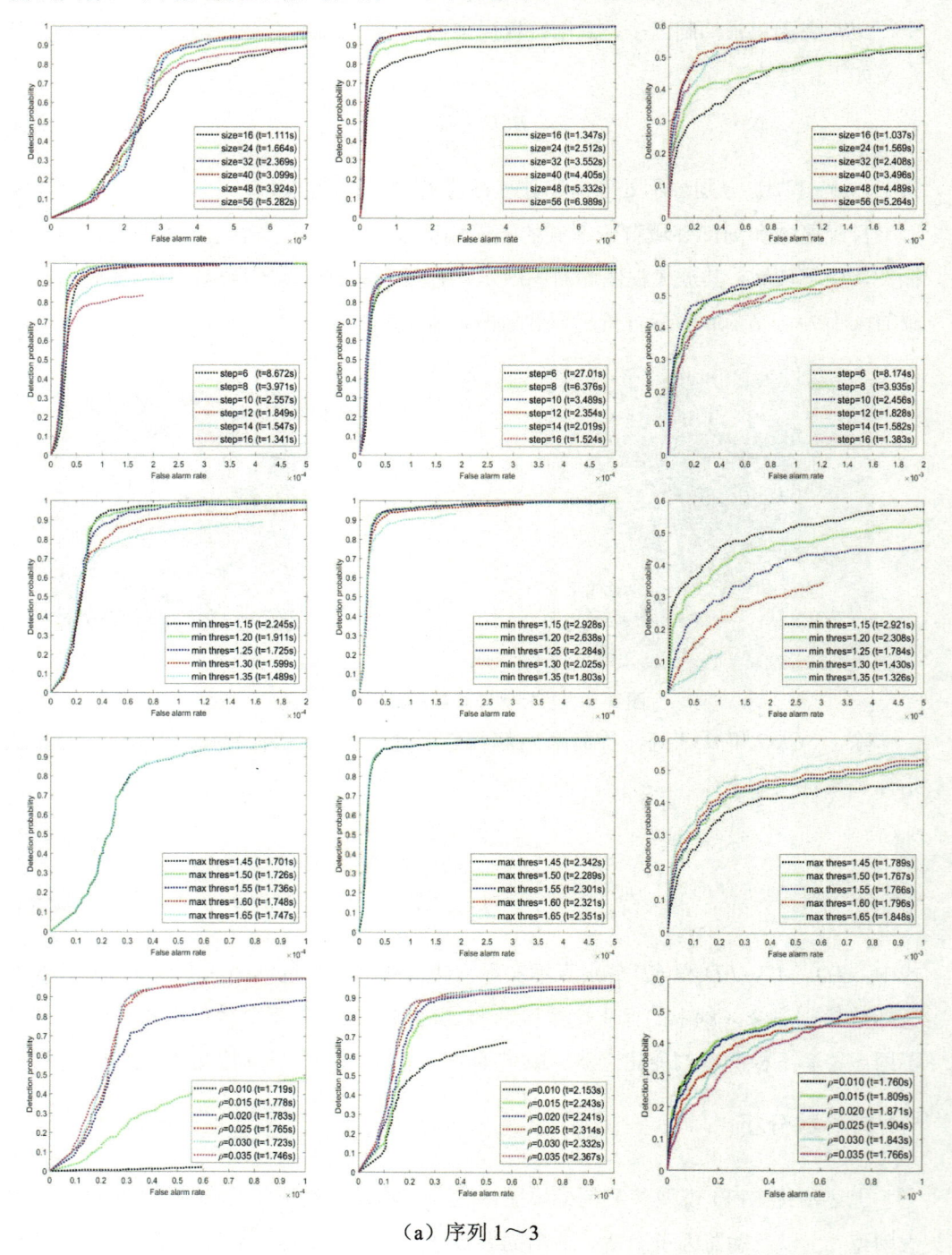

（a）序列 1～3

(b) 序列 4～5

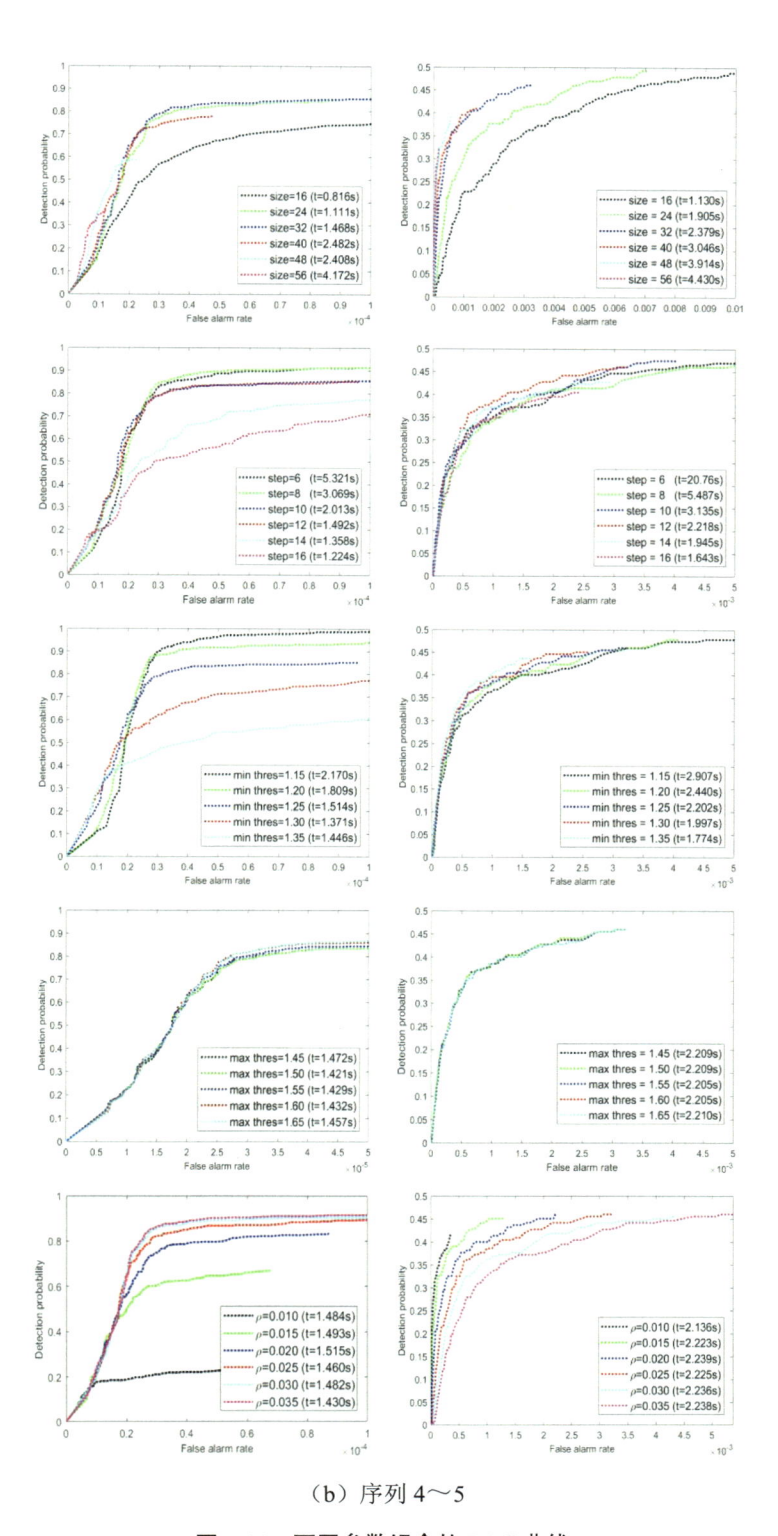

图 5-11　不同参数组合的 ROC 曲线

图 5-11（a）和（b）第 1 行至第 5 行分别对应于块图像大小、滑动步长、最小阈值 $c_{\min}$、最大阈值 $c_{\max}$ 以及惩罚因子 $\rho$ 的 ROC 曲线。图 5-11（a）第 1 列至第 3 列分别表示序列 1～3 的测试结果，图 5-11（b）第 1 列至第 2 列分别表示序列 4～5 的测试结果。图中 $t$ 表示对应参数的计算时间。

块图像大小不仅对目标的分割具有较大影响，还影响了计算的复杂度。显然，块图像越大，RPPI 模型所检测目标越少，同时算法的复杂度越大，块图像之间的相关性越低。为了研究不同尺寸块图像对 RPPI 模型的影响，块图像大小的选择范围设定为 16～56，间距为 8。以上实验结果表明，当块图像大小在 24～40 范围内选择时，算法的性能较好，特别是当块图像大小设置为 32 时，在更多测试图像序列上会得到较好结果，同时算法的计算复杂度在可接受范围内。因此在 RPPI 模型中，块图像的大小设置为 32。

块图像滑动步长越大，块图像之间的重叠率越小，算法 2 的运行时间越短。但是较大的滑动步长会降低候选目标块图像之间的冗余度，同时弱化背景之间的非局部相关性，进而降低对背景混叠的鲁棒性。为了分析滑动步长的影响，块图像大小设置为 32×32，将滑动步长分别设置为 6、8、10、12、14、16。实验结果如图 5-11（a）和（b）第 2 行所示，由该图的实验结果可知，当滑动步长设置为 8～12 时，取得了最好的实验结果。同时能够观察到，当滑动步长在 8～12 之间取值时，算法的运行时间显著降低。特别是当滑动步长设置为 12 时，算法的性能和速度达到了一个平衡点，因此在 RPPI 模型中，块图像滑动大小设置为 12。

最小对比度阈值 $c_{\min}$ 对提取候选目标块图像具有较大影响，如果取值太大，较低对比度的目标则无法被检测到。图 5-11（a）和（b）第 3 行所示为不同 $c_{\min}$ 时的实验结果，当该阈值取值由 1.35 降低到 1.15 时，虽然目标检测的精度得到了保证，但是会提取到更多的非目标块图像，导致算法的复杂度急剧增加。以上实验结果证明了 $c_{\min}$ 取值太大或太小，都将恶化算法的性能。为了平衡检测率和运行速度，这里将参数 $c_{\min}$ 设置为 1.25。

最大对比度阈值 $c_{\max}$ 同样对提取候选目标块图像具有较大影响，如果取值太大，候选目标块图像将会保留更多的噪声。当 $c_{\max}$ 取值较小时，具有较高对比度的目标有可能会误判为噪声，而被剔除，从而导致检测率较低。图 5-11（a）和（b）第 4 行所示为不同 $c_{\max}$ 时的实验结果，第 1、2、4、5 图像序列的 ROC 曲线比较相似，当 $c_{\max}$ 变化时，ROC 曲线变化很小，同时算法的运行速度变化也比较小。而第 3 图像序列的 ROC 曲线表明 $c_{\max}$ 对算法性能具有重要影响，当 $c_{\max}$ 取值较大时，能够提高检测率，同时算法时间会增加。为了提高算法的鲁棒性,应对更多的不同场景图像,$c_{max}$ 取值设置为 1.5。因此,一个最优的阈值取值范围为 1.25~1.50。

惩罚因子 $\rho$ 与正则化参数 $C$ 直接相关,而参数 $C$ 对于计算不同奇异值权重非常重要。较大的惩罚因子将会保留更多的候选目标,但也会导致目标图像中存在更多的残差。与之相反,惩罚因子越小,目标将会过度收缩。因此,为惩罚因子选择合适的取值,具有重要意义。在本实验中,将惩罚因子分别设定为 0.010、0.015、0.020、0.025、0.030,其对应的实验结果如图 5-11(a)和(b)第 5 行所示。由该图的实验结果可知,当惩罚因子设定为 0.025 时,算法的性能更加稳定,其他的参数设置将会导致算法性能产生较大波动。

### 5.4.4 算法性能分析

在图 5-9 中,测试图像具有复杂的背景,如大量的边缘、噪声、人造目标等。这些目标具有不同的数量、尺寸、形状以及亮度。这些干扰因素为红外目标检测带来极大的困难和挑战。图 5-12 所示为 RPPI 模型的检测结果,目标区域用矩形方框标识,并放大后显示在图像下方。显然,无论背景是否包含噪声混叠,RPPI 模型不仅能够准确地检测到目标,同时能够有效地抑制背景。

这里将 RPPI 模型与 10 种经典和流行的红外目标检测算法进行对比,主要考察对背景的抑制能力和对目标的增强能力。以图 5-9 部分测试图片为例[图(e)、(i)、(j)、(l)、(m)、(n)、(o)以及(p)],以上 11 种算法的实验结果如图 5-13 和 5-14 所示,图中目标以矩形方框标注。图 5-13 第 1 列至第 5 列分别是 LCM、Top-Hat、Max-median、MPCM 以及 MdvsFA 方法的实验结果,图 5-14 第 1 列至第 6 列分别是 IPI、RIPT、NIPPS、PSTNN、NRAM、RPPI 方法的实验结果。

由实验结果可知,在所有测试方法中,LCM 的性能最差。这主要是由于局部非相似性度量不精确导致,该情况经常发生在目标图像非常暗的条件下。此外,当目标区域对比度较低时,一些强边缘或者噪声被突出出来。Top-Hat 和 Max-median 属于经典的红外目标检测方法,经过这些方法处理后,红外图像中包括很多混叠的背景,目标非常微弱和昏暗。而且当给定图像中包含多个目标时,上述两种方法丢失了一些目标。这是由于基于滤波的方法没有充分利用目标的先验信息,仅利用非参数回归估计变化的背景。在处理具有不同背景的红外图像时,MPCM 的性能优于上述三种传统方法。但是当面对图 5-9(n)所示更加复杂的背景时,Top-Hat、Max-median 以及

MPCM 均无法检测到红外目标。MPCM 也无法保持完整或者多个目标，如图 5-13 第 4 列（i）和（ii）。上述传统方法仅利用局部邻域信息来增强目标、抑制背景，因此当面对极端复杂的背景时，局部邻域信息缺乏足够的表征能力，因而无法有效区分目标和背景，从而导致这些方法鲁棒性变差。

MDvsFA 是基于深度学习的红外目标检测方法，该方法以生成对抗网络（GAN）为基础，对于漏检和虚警进行平衡。如图 5-13 第 5 列所示，MDvsFA 在某些环境下表现非常优秀，如图 5-13 第 5 列（ii）和（v）所示。但对于其他测试图像，该算法性能比较一般。这是由于基于深度学习的检测方法是由数据驱动的，而缺少红外小目标测试数据集，限制了这些方法性能的提升。

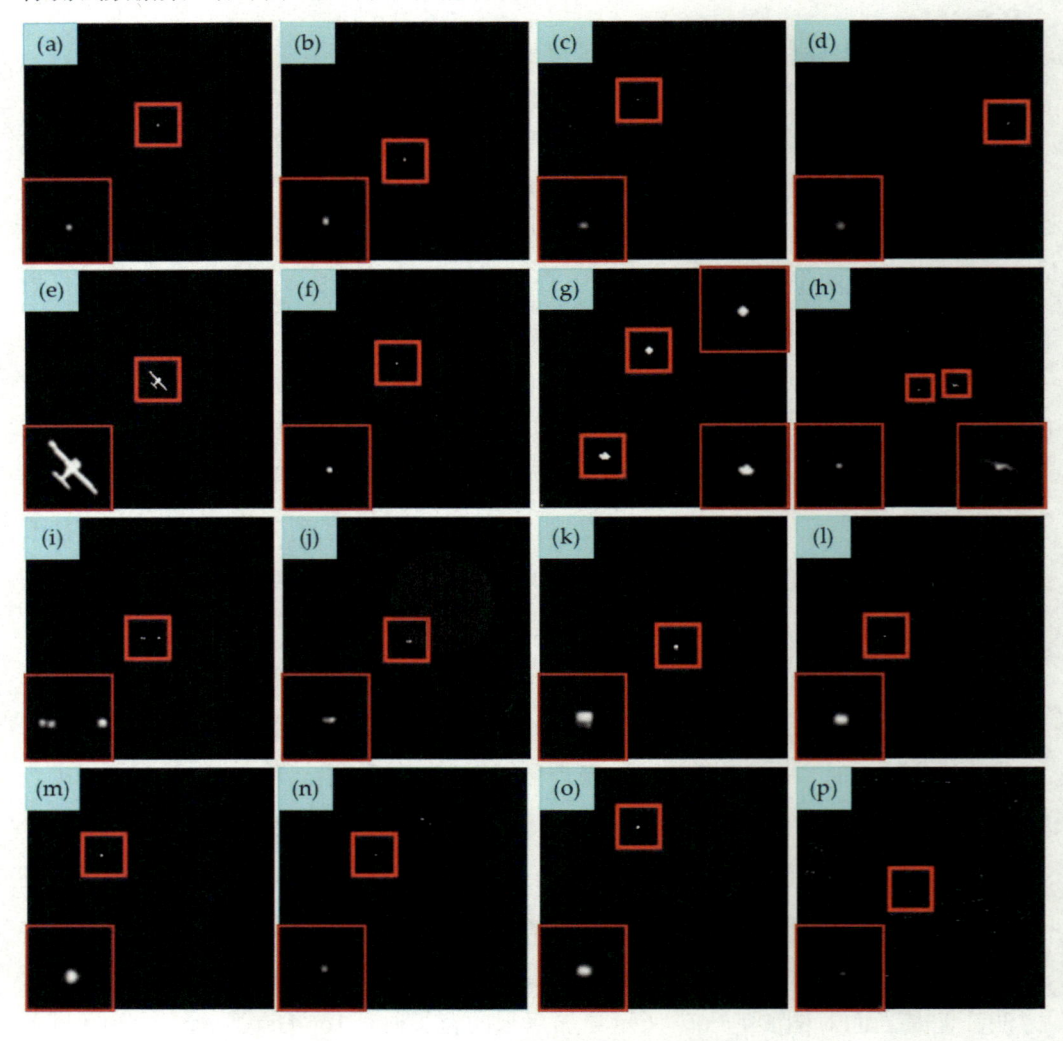

图 5-12　测试图像 RPPI 模型的检测结果

第 5 章　基于区域建议的块图像红外目标检测

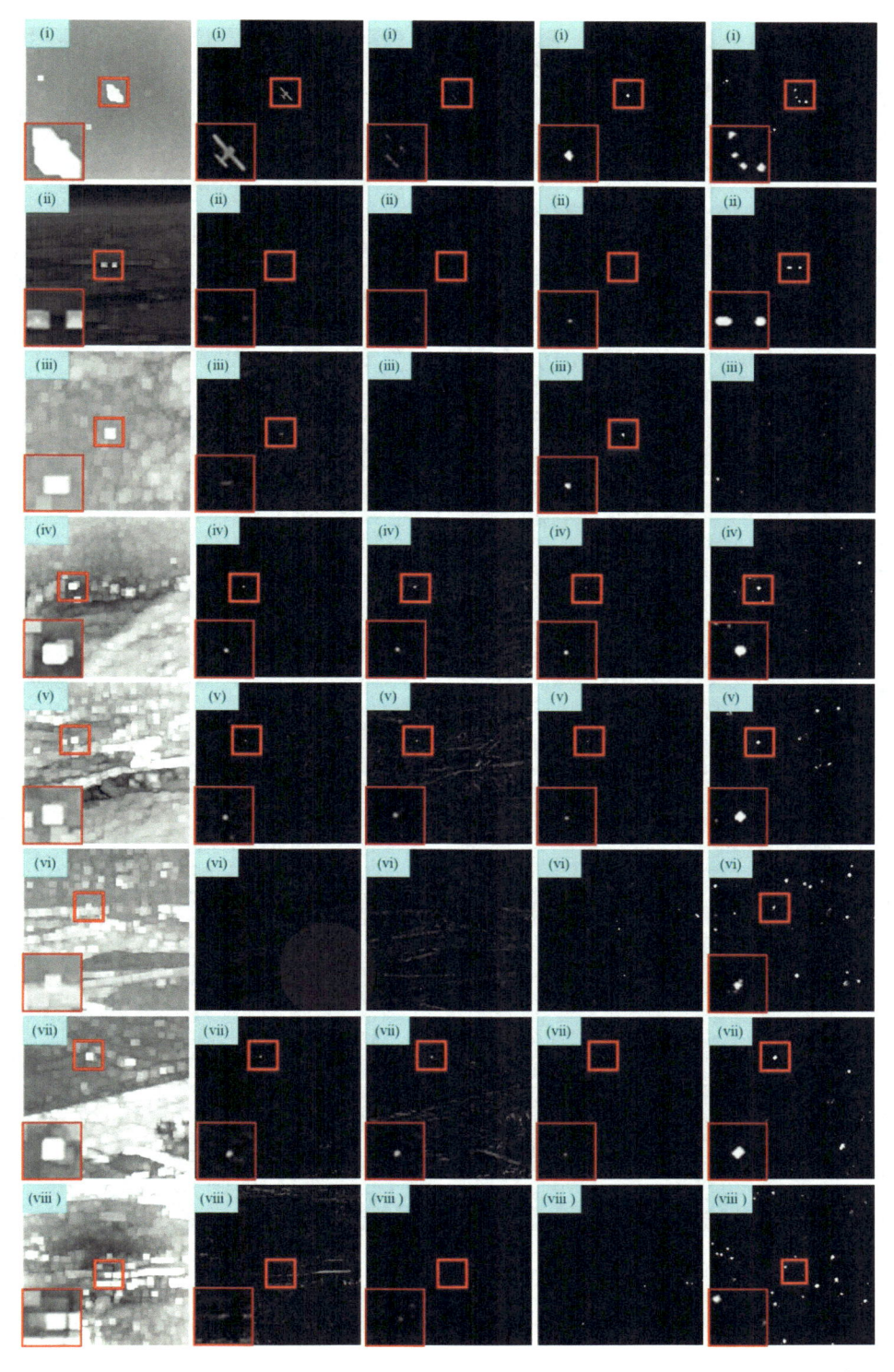

图 5-13　实验结果 1

图 5-14 实验结果 2

IPI、RIPT、NIPPS、PSTNN 以及 NRAM 均是基于低秩和稀疏矩阵恢复的方法，关注的重点是如何在检测红外小目标时保持尽可能的虚警率。对于具有较大尺寸的红外目标[如图 5-9（e）]，由于求解过程中约束条件太多，导致 NIPPS 和 NRAM 无法保持目标完整的形状。而对于多目标图像[图 5-9（i）]，除了 IPI 模型外，其他 4 种方法的结果包含较大的强混叠或者存在丢失目标现象。这是由于它们检测目标和抑制背景的能力弱。对于淹没在大量噪声中的目标[图 5-14（iii）]，IPI 和 RIPT 没有检测到目标。而图像序列 1～5 的实验结果表明，RPPI 模型能够检测出所有目标，而其他方法均存在丢失目标现象。而且对于 IPI、RIPT 和 PSTNN，许多其他非目标稀疏残差被保留下来，导致虚警率升高。由图 5-14 第 6 列的实验结果可以看出，当面对变化和复杂的环境时，与其他方法相比，RPPI 模型取得了更好的效果。

由以上实验结果可知，由于仅考虑了局部信息，传统方法与基于低秩和稀疏矩阵恢复的方法相比，鲁棒性较差。虽然 MDvsFA 的实验结果包括许多残差混叠，但面对高亮目标时，取得了较好的性能。在 6 种基于低秩和稀疏矩阵恢复的方法中，NRAM 在背景抑制上取得了较好的结果，但是该方法的检测率较低，这是由于该方法的约束条件过度抑制了目标。IPI、RIPT 和 PSTNN 在大多数情况下，表现均比较好，但是目标图像存在许多残差，导致虚警率高。而所提 RPPI 方法几乎完全抑制了背景和混叠，虚警率更低，表现出了更强的鲁棒性。而且，对于图像序列 3 和 5，仅有 RPPI 模型在内的很少方法成功地检测到了目标，因此，从定量的角度来说，RPPI 模型与其他方法相比，具有很强的优势。

以图 5-9 所示 7 幅具有代表性的图像[图（e）、（j）、（l）～（p）分别表示场景 1、场景 3 和序列 1～5]为例，11 种测试方法的信杂比增益 $SCRG$ 和背景抑制因子 $BSF$ 如表 5-4 所示。其中，Inf 表示目标邻域的背景被完全剔除，Nan 表示目标丢失。对于包含多个目标的图像（如场景 2），这里不计算信杂比增益和背景抑制因子，这是由于当存在多个目标时，一个目标可能是另一个目标的邻域，如图 5-9（i）所示。由该表的实验结果可以看出，基于低秩和稀疏矩阵分解的方法（IPI、RIPT、NIPPS、PSTNN、NRAM 以及 RPPI）要好于其他方法（LCM、Top-Hat、Max-median、MPCM 以及 MDvsFA）。这是由于这些方法可以利用全局更多的信息来检测红外小目标。在一些困难条件下，许多方法（MPCM、NIPPS、PSTNN 以及 NRAM）丢失了目标，而 RPPI 模型获得了最高得分，表明该方法要优于其他方法。

信杂比增益和背景抑制因子仅仅表明了在一个局部邻域内的背景抑制和目标增强能力。为了进一步验证目标检测算法的全局检测能力，以 8 幅测试图片为例，计算了 ROC 曲线，如图 5-15 和 5-16 所示。ROC 曲线的横轴表示虚警率，纵轴表示检测概率。

表 5-4　11 种方法的信杂比增益和背景抑制因子

| Method | Scenes 1 | | Scenes 3 | | Sequence 1 | | Sequence 2 | | Sequence 3 | | Sequence 4 | | Sequence 5 | |
| --- | --- | --- | --- | --- | --- | --- | --- | --- | --- | --- | --- | --- | --- | --- |
| | SCRG | BSF | SCRG | BSF | SCRG | BSF | SCRG | BSF | SCRG | BSF | SCRG | BSF | SCRG | BSF |
| LCM | 435.9 | 15.93 | 1.176 | 0.281 | 7.879 | 0.377 | 4.570 | 0.327 | 3.425 | 0.361 | 1.773 | 0.350 | 11.59 | 0.296 |
| Top-Hat | 112.2 | 20.56 | 0.976 | 1.171 | 29.64 | 2.219 | 26.82 | 1.794 | 3.409 | 1.689 | 6.288 | 2.100 | 7.066 | 1.347 |
| Max-med | 45.94 | 64.70 | 0.331 | 3.642 | 72.94 | 6.732 | 49.41 | 3.443 | 6.224 | 4.695 | 14.41 | 5.110 | 23.76 | 4.013 |
| MPCM | Inf | Inf | Inf | Inf | Inf | Inf | Inf | Inf | Nan | Nan | Inf | Inf | Nan | Nan |
| MDvsFA | 1.028 | 0.335 | 0.159 | 5.489 | 17.95 | 0.646 | 18.65 | 0.398 | 21.26 | 0.736 | 7.535 | 0.866 | 82.18 | 0.734 |
| IPI | Inf | Inf | Inf | Inf | 67.04 | 5.810 | 179.6 | 8.009 | Inf | Inf | Inf | Inf | 23.99 | 2.373 |
| RIPT | Inf | Inf | Nan | Nan | 37.82 | 18.17 | 46.18 | 11.47 | 31.06 | 41.04 | Inf | Inf | Nan | Nan |
| NIPPS | Inf | Inf | Nan | Nan | Inf | Inf | 442.8 | 252.3 | Nan | Nan | Inf | Inf | Nan | Nan |
| PSTNN | Inf | Inf | 7.405 | 3.868 | 74.78 | 5.793 | Inf | Inf | Nan | Nan | Inf | Inf | 0.414 | 2.220 |
| NRAM | Inf | Inf | Inf | Inf | Inf | Inf | Inf | Inf | Inf | Inf | Inf | Inf | Nan | Nan |
| RPPI | Inf | Inf | Inf | Inf | Inf | Inf | 123.7 | 5.606 | Inf | Inf | Inf | Inf | 38.07 | 2.286 |

（a）场景 1　　（b）场景 2　　（c）场景 3　　（d）序列 1

（e）序列 2　　（f）序列 3　　（g）序列 4　　（h）序列 5

图 5-15　LCM、Top-Hat、Max-median、MPCM、MDvsFA 以及 RPPI 的 ROC 曲线

（a）场景 1　　（b）场景 2　　（c）场景 3　　（d）序列 1

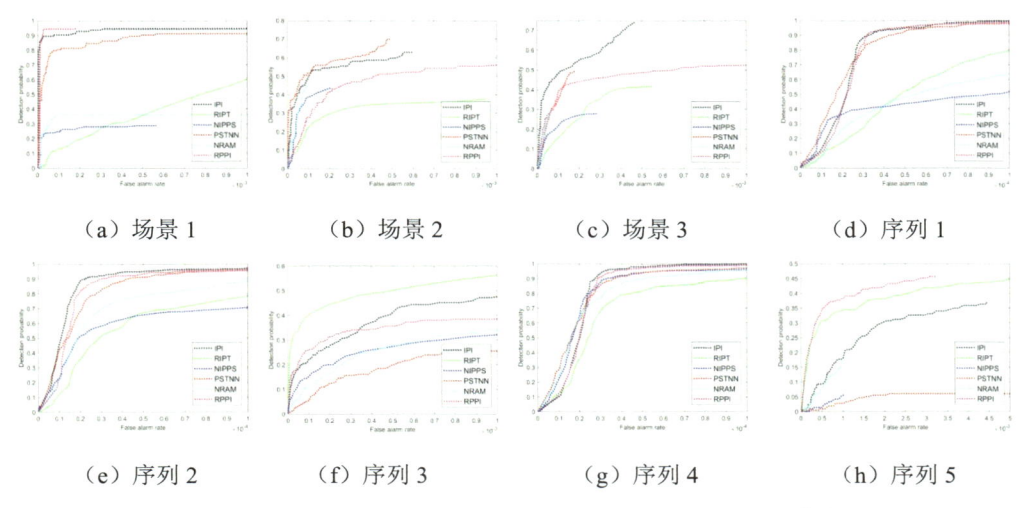

（e）序列 2　　（f）序列 3　　（g）序列 4　　（h）序列 5

**图 5-16**　IPI、RIPT、PSTNN、NRAM 以及 RPPI 的 ROC 曲线

图 5-15 的结果表明 RPPI 模型要优于其他 5 种方法。但值得注意的是，Top-Hat 和 Max-median 在部分测试序列上取得了非常好的效果。这是由于基于滤波的方法不能够完全抑制背景，而这些背景会导致目标图像存在大量混叠。这些混叠会导致 ROC 曲线在一开始快速增加，也会导致错误率增加。在场景 2 和场景 3 中，由于测试图片和训练图片相似，MDvsFA 获得了令人瞩目的性能。但是，对于其他不相似的图片类，该算法的效果是无法让人接受的。综合 ROC 曲线和表 5-4 的结果可知，在不同类型复杂背景下，本书所提 RPPI 模型在目标和背景提取上效果较好。

图 5-16 所示为 RPPI 以及其他 5 种矩阵低秩和稀疏恢复方法的 ROC 曲线。对于场景 1、序列 1 和 5，可以观察到，RPPI 方法的 ROC 曲线增长要快于其他方法，取得了最好的检测概率。对于场景 3 以及序列 2 和 4，RPPI 方法也取得了令人瞩目的效果，ROC 曲线仅略低于 IPI 模型。对于场景 2，RPPI 模型的检测率第三。这些是由加权核范数引起的。当 WNN 对背景具有较强抑制作用时，它同样会导致目标的边缘受到抑制。对于序列 3，虽然我们的方法没有比 RIPT 和 IPI 取得更好的效果，但是 IPI 的 ROC 曲线上升较慢，RIPT 模型对于不同环境的鲁棒性差。

### 5.4.5　收敛性和运行时间分析

基于矩阵分解方法的收敛性如图 5-17 所示，为了便于对比，最大相对损失的量级设定为$10^{-4}$。除此之外，当相对损失小于时$10^{-6}$，终止迭代。在这些方法中，RIPT、NIPPS、PSTNN 和 NRAM 采用 ADMM 算法进行优化求解，而 IPI 和 RPPI 采用 APG

优化算法。从图 5-17 可以看出，RPPI 模型的迭代次数在所有算法中排名第三，大约是原 IPI 模型的 1/8，这表明区域建议提取有助于加速算法的收敛速度。一些方法引入其他范数加速图像的收敛速度，如 NRAM 和 RIPT。此外，算法的运行时间不仅取决于算法的收敛速率，还依赖于分解矩阵的大小以及计算复杂度等。

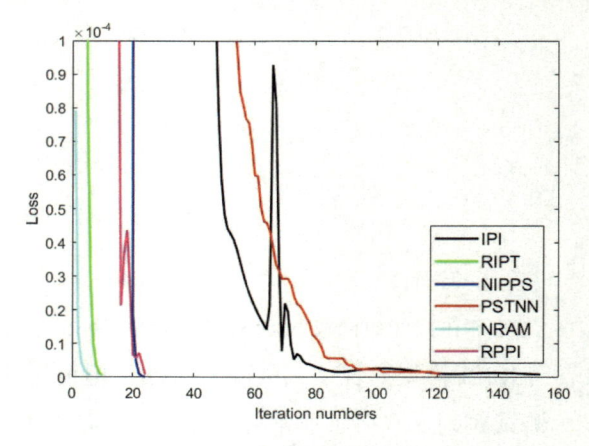

图 5-17　不同分解算法的迭代次数

为了更清晰地对比不同算法的计算复杂度，表 5-5 所示为不同场景和图像序列的平均单帧计算时间，所有的运行速度对比实验，均在 CPU 上进行，未采用 GPU 加速。从表 5-5 的结果可以看出，基于滤波的方法运行速度要比其他方法快得多。对于基于深度学习的方法 MDvsFA，包括最大池化层、卷积层、全连接层等复杂的网络结构，导致运行时间较长。而基于低秩和稀疏学习的方法，在每一次迭代过程中均需要进行奇异值分解，导致运行时间增长。但是基于矩阵低秩和稀疏恢复的方法比经典算法效果好得多。因此，综合可靠性、误警率和运行效率来看，基于矩阵低秩和稀疏恢复的方法是更好的方法。在这些矩阵分解方法中，本书所提 RPPI 模型比 IPI、RIPT 和 NIPPS 要快得多。虽然 NRAM 和 PSTNN 要比本书所提 RPPI 模型要快，但是 NRAM 存在目标过度收缩的问题，PSTNN 对不同环境的适应性差。考虑到本书所提模型，采用新的思路来提取候选目标区域来降低算法复杂度，可扩展应用至其他算法，因此 RPPI 模型更加具有吸引力。

以上实验结果表明，与其他方法相比，RPPI 模型能够准确有效地检测目标，同时抑制背景。而其他方法存在目标丢失、目标过度收缩以及目标图像残差较多的问题。定量评估时，采用信杂比增益 *SCRG*、背景抑制因子 *BSF* 和 ROC 曲线等定量评估不同算法的性能。RPPI 模型、MPCM 以及 NRAM 在 *SCRG* 和 *BSF* 获得了最高评分。由于检测率低，MPCM 和 NRAM 的 ROC 曲线不如 RPPI 模型。因此，无论从局部还是全局来看，RPPI 模型表现均较好。此外，与原 IPI 模型相比，改进 RPPI 模型在相似甚至更优检测性能的情况下，运行速度要快得多，这表明候选目标提取策略是有效的。因此，RPPI 模型一方面加快了运行速度，另一方面提升了算法的性能。

表 5-5 不同算法的单帧计算时间

| Group | LCM | Top-Hat | Max-med | MPCM | MDvsFA | IPI | RIPT | NIPPS | PSTNN | NRAM | RPPI |
|---|---|---|---|---|---|---|---|---|---|---|---|
| Scenes 1 | 0.0494 | 0.0036 | 0.0361 | 0.0436 | 4.6524 | 4.2570 | 0.9280 | 2.8156 | 0.1705 | 1.4004 | 1.4426 |
| Scenes 2 | 0.0672 | 0.0071 | 0.0197 | 0.0606 | 7.2486 | 9.2448 | 1.1847 | 5.8986 | 0.1441 | 2.5210 | 2.9154 |
| Scenes 3 | 0.0412 | 0.0038 | 0.0163 | 0.0389 | 3.7605 | 3.7797 | 0.8938 | 2.7150 | 0.1044 | 1.1367 | 1.4571 |
| Sequence 1 | 0.0497 | 0.0037 | 0.0425 | 0.5604 | 6.1179 | 6.7194 | 6.1554 | 4.6564 | 0.3322 | 1.8962 | 2.3954 |
| Sequence 2 | 0.0670 | 0.0040 | 0.0443 | 0.0560 | 6.5436 | 6.2196 | 3.9414 | 4.5013 | 0.2144 | 1.9831 | 2.6657 |
| Sequence 3 | 0.0574 | 0.0044 | 0.0278 | 0.0511 | 6.8603 | 6.3306 | 1.5638 | 4.2770 | 0.2774 | 1.3199 | 2.4800 |
| Sequence 4 | 0.0649 | 0.0044 | 0.0267 | 0.0542 | 6.9965 | 6.9809 | 4.0716 | 4.7790 | 0.2447 | 2.1743 | 2.5427 |
| Sequence 5 | 0.0604 | 0.0041 | 0.0282 | 0.0550 | 6.1765 | 6.8354 | 1.1895 | 4.7445 | 0.2481 | 2.2564 | 2.7396 |

## 5.5 本章小结

本章提出了一个两阶段的基于矩阵低秩和稀疏分解的红外小目标检测算法。为了能够目标从背景分离出来，同时降低分解矩阵的尺寸，在第一阶段，利用局部对比度来提取候选目标区域。局部对比度的计算考虑了目标、背景和噪声的先验信息。为了平滑背景信息，在第二阶段，引入 WNN 估计稀疏数据。由于在候选目标块图像提取后，噪声被滤除，被恢复图像的主要信息属于小目标，从而虚警率较低。大量实验结果表明，RPPI 模型要优于许多典型红外目标检测算法。此外，在相似甚至更优检测性能的情况下，RPPI 模型的速度比 IPI 模型快得多，这表明候选目标提取是有效的，不仅可以在 RPPI 模型中应用，还可以在其他基于矩阵低秩和稀疏恢复算法中应用。

# 第 6 章　DOA 估计基础理论

DOA 估计是阵列信号处理研究的主要内容之一，人们也称之为空间谱估计。经过长年发展，DOA 估计有了系统的理论基础，由于应用环境日益复杂，研究者们也进行了多方面的研究。整个空间谱估计系统由三部分组成：空间信号入射、空间阵列接收、参数估计。相应地可分为三个空间，即目标空间、观察空间和估计空间。系统如图 6-1 所示。

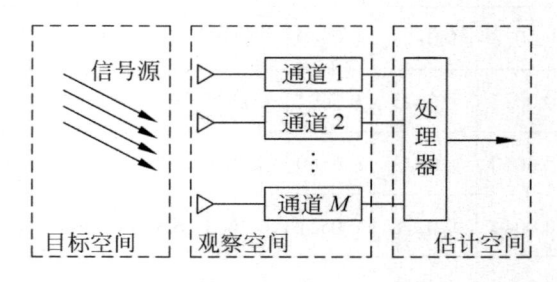

**图 6-1　空间谱估计的系统结构**

对上述三个空间作如下说明[148]：

（1）目标空间是一个复杂的空间，包含目标信号源与其他环境参数（噪声和干扰等），空间谱估计的目的便是从这个复杂的空间环境中估计出感兴趣的目标信源参数，并抑制其他干扰和噪声。

（2）观察空间是由空间中按一定方式排列的阵元（传感器）构成的，用以接收目标空间中感兴趣的信源辐射能量。

（3）估计空间是利用空间谱估计技术，处理观察空间接收到的数据，进而从复杂的观察数据中提取出感兴趣的目标信源的特征参数。

本章作为后续章节的基础，重点介绍了 DOA 估计理论所涉及的基础知识以及在 DOA 估计发展中的三种经典 DOA 估计算法，阐述信号模型和以及阵列接收信号模型，作出前提假设，针对特定环境作出分析。最后以 MUSIC 算法为例，对 DOA 估计中所涉及的三种变量因素，即阵元数、快拍数、信噪比对 DOA 估计算法的影响作分析总结。

## 6.1 信号模型

### 6.1.1 窄带信号模型

由于研究工作内容以窄带信号为主,这里仅对窄带信号作简要介绍。宽带信号和窄带信号是相对而言的,我们对信号的窄带和宽带的界定通常由其相对带宽的大小决定。一般来说,信号的相对带宽小于1%的时候,即为窄带信号[149]。信号的相对带宽可以通过下式解出:

$$FB = \frac{f_h - f_l}{(f_h + f_l)/2} \times 100\% \tag{6-1}$$

式中,$f_h$ 表示信号的最高频率,$f_l$ 表示信号的最低频率。

当阵元接收到信号的中心频率为 $f_0$ 时,其复数表达式可表示为

$$s(t) = u(t)e^{j(\omega_0 t + \varphi(t))} \tag{6-2}$$

式中,$u(t)$ 是接收信号的幅度,$\varphi(t)$ 是接收信号的相位,$\omega_0$ 是接收信号的频率。若接收信号的延迟为 $\tau$,则有

$$s(t-\tau) = u(t-\tau)e^{j(\omega_0(t-\tau) + \varphi(t-\tau))} \tag{6-3}$$

假设信号的带宽很小,可以认为其信号复包络是慢变化的,即

$$\begin{cases} u(t-\tau) \approx u(t) \\ \varphi(t-\tau) \approx \varphi(t) \end{cases} \tag{6-4}$$

显然有下式成立:

$$s(t-\tau) \approx s(t)e^{-j\omega_0 \tau} \tag{6-5}$$

对窄带信号来说,如果时延远远小于带宽的倒数,即带宽很小时,短时间内时延对信号的影响近似于信号在阵元上的相移,同时接收信号的幅度基本保持不变,这样,就可以通过处理转化的相移,推导求得信号 DOA 的估计值。

### 6.1.2 一些主要假设

为了更准确地描述算法及其性能,以及方便简化分析,这里对信号模型作了一些基本假设。

(1)假设阵列处于辐射信号源的远场区,则波前可以被近似看作平面波,即每

个信源的入射波都可认为是平行入射的,此时信源相对于阵列的 DOA 是唯一确定的。

(2) 假设目标信源个数是已知的。

(3) 假设阵列接收的信号是平稳且各态历经的。

(4) 假设噪声是互不相关的高斯白噪声,均值为零,方差为 $\sigma^2$。

(5) 信源的个数小于阵元的个数。

### 6.1.3 阵列接收信号模型

这里重点介绍均匀线阵的阵列接收信号模型,因为从时间上来说,共形阵的发展比均匀线阵要晚一些,因此共形阵的许多方面是建立在之前已经成熟的线性阵列理论基础之上的,大部分基于线阵的研究方法值得我们借鉴和参考;其次,由于共形载体经常无法对其进行规律性认定,相应的信号接收模型也具有多样性与复杂性,从均匀线阵入手更加方便对天线阵列的理解,同时,均匀线阵的相关研究也是阵列信号处理相关研究的基础。

均匀线阵结构如图 6-2 所示,此阵列结构中 $M$ 个阵元为等间距分布,间隔用 $d$ 表示,信号的入射角度相对于法线方向为 $\theta$。远场信号的入射波到达阵列时可近似被认为是平面波。从图中可以看出,第二个阵元与第一个阵元的距离为 $d\sin\theta$,类推可知第 $m$ 个阵元相对参考阵元的距离为 $md\sin\theta$。假设空间中 $K$($K<M$)个远场窄带信号 $\{s_k(t)\}_{k=1}^{K}$ 入射到阵列上,入射角度分别为 $\theta_1,\theta_2,\cdots,\theta_K$。

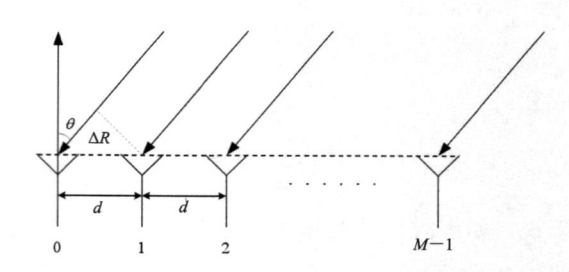

图 6-2 均匀线阵接收示意图

参考阵元位于坐标原点,噪声为加性高斯白噪声 $n_1(t)$,则 $t$ 时刻的接收数据可以表示为

$$x_1(t) = \sum_{k=1}^{K} s_k(t) + n_1(t) \tag{6-6}$$

由上式推导出阵列中第 $m$ 个阵元接收到的数据为

$$x_m(t) = \sum_{k=1}^{K} s_k(t)\mathrm{e}^{-\mathrm{j}2\pi\frac{c}{\lambda}\tau_m} + n_m(t) \tag{6-7}$$

式中，第 $m$ 个阵元与参考阵元之间的传播时延用 $\tau_m$ 表示，$\tau_m = d(m-1)\sin\theta/c$，其中 $c$ 是光速，阵元间距为入射波长的一半，即 $d = \lambda/2$。式（6-7）可表示为

$$x_m(t) = \sum_{k=1}^{K} s_k(t)\mathrm{e}^{-\mathrm{j}2\pi\frac{(m-1)\lambda}{d}\sin\theta} + n_m(t) = \\ \left[\mathrm{e}^{-\mathrm{j}2\pi\frac{(m-1)\lambda}{d}\sin\theta_1} \quad \mathrm{e}^{-\mathrm{j}2\pi\frac{(m-1)\lambda}{d}\sin\theta_2} \quad \cdots \quad \mathrm{e}^{-\mathrm{j}2\pi\frac{(m-1)\lambda}{d}\sin\theta_K}\right] \begin{bmatrix} s_1(t) \\ s_2(t) \\ \vdots \\ s_K(t) \end{bmatrix} + n_m(t) \tag{6-8}$$

则 $M$ 个阵元接收到的数据可表示为

$$\begin{bmatrix} x_1(t) \\ x_2(t) \\ \vdots \\ x_M(t) \end{bmatrix} = \begin{bmatrix} 1 & 1 & 1 & 1 \\ \mathrm{e}^{-\mathrm{j}2\pi\frac{(2-1)d}{\lambda}\sin\theta_1} & \cdots & \cdots & \mathrm{e}^{-\mathrm{j}2\pi\frac{(2-1)d}{\lambda}\sin\theta_K} \\ \vdots & \vdots & \vdots & \vdots \\ \mathrm{e}^{-\mathrm{j}2\pi\frac{(M-1)d}{\lambda}\sin\theta_1} & \cdots & \cdots & \mathrm{e}^{-\mathrm{j}2\pi\frac{(M-1)d}{\lambda}\sin\theta_K} \end{bmatrix} \begin{bmatrix} s_1(t) \\ s_2(t) \\ \vdots \\ s_K(t) \end{bmatrix} + \begin{bmatrix} n_1(t) \\ n_2(t) \\ \vdots \\ n_M(t) \end{bmatrix} \tag{6-9}$$

表示成矩阵的紧凑形式：

$$\boldsymbol{X}(t) = \boldsymbol{A}(\theta)\boldsymbol{S}(t) + \boldsymbol{N}(t), t = 1, 2, \cdots, L \tag{6-10}$$

式中，$\boldsymbol{S}(t) = (s_1(t), s_2(t), \cdots, s_K(t))^\mathrm{T}$ 表示信源矢量；$\boldsymbol{A}(\theta) = [\boldsymbol{a}(\theta_1) \ \boldsymbol{a}(\theta_2) \ \cdots \ \boldsymbol{a}(\theta_K)]$ 称为导向矩阵（或阵列流型）。它的每一列称为导向矢量，表示为

$$\boldsymbol{a}(\theta_k) = \left(\mathrm{e}^{-\mathrm{j}(1-1)\varphi_k}, \mathrm{e}^{-\mathrm{j}(2-1)\varphi_k}, \cdots, \mathrm{e}^{-\mathrm{j}(M-1)\varphi_k}\right)^\mathrm{T} \tag{6-11}$$

式中，$\varphi_k = 2\pi\dfrac{d\sin\theta_k}{\lambda}, k = 1, 2, \cdots, K$；T 表示转置。式（6-11）即为均匀线阵接收数据模型。

假设采样快拍数为 $L$，式（6-10）可简化为

$$\boldsymbol{X} = \boldsymbol{A}(\theta)\boldsymbol{S} + \boldsymbol{N} \tag{6-12}$$

式中，

$X=\left(X(1),X(2),\cdots,X(L)\right)^{\mathrm{T}}$，$S=\left(S(1),S(2),\cdots,S(L)\right)^{\mathrm{T}}$，$N=\left(N(1),N(2),\cdots,N(L)\right)^{\mathrm{T}}$。下面以式（6-12）的快拍数据模型为例，介绍三种经典的子空间类 DOA 估计算法，概述这三种经典的 DOA 估计算法的基本原理，并进行优缺点分析。

## 6.2 经典的 DOA 估计算法原理

### 6.2.1 MUSIC 算法

MUSIC 算法亦称多重信号分类算法（Multiple Signal Classification），在 DOA 估计中，接收阵列的子空间包含两个部分，即信号子空间与噪声子空间。对信号协方差矩阵进行特征值分解后，大特征值对应的特征矢量张成信号子空间，小特征值对应的特征矢量张成噪声子空间。

信号协方差矩阵的表达式为

$$\begin{aligned}R &= E[X(t)X^H(t)] = A(\theta)E\{S(t)S^H(t)\}A^H(\theta) + E\{N(t)N^H(t)\} \\ &= A(\theta)R_S A^H(\theta) + \sigma^2 I_M\end{aligned} \quad (6\text{-}13)$$

式中，$\sigma^2$ 表示噪声方差。

对式（6-13）进行特征分解，有

$$R = U_S \Sigma_S U_S^H + U_N \Sigma_N U_N^H = U_S \Sigma_S U_S^H + \sigma^2 U_N U_N^H \quad (6\text{-}14)$$

由于 $A(\theta)E\{S(t)S^H(t)\}A^H(\theta)$ 半正定，所以它有 $K$ 个特征根和 $M-K$ 个零特征根。理想情况下，这 $M$ 个特征值满足以下关系：

$$\lambda_1 \geqslant \lambda_2 \geqslant \cdots \geqslant \lambda_K \geqslant \lambda_{K+1} = \lambda_{K+2} = \cdots = \lambda_M \quad (6\text{-}15)$$

前 $K$ 个大特征值对应的特征矢量张成信号子空间 $U_S$，后 $M-K$ 个小特征值的特征向量构成噪声子空间 $U_N$，对特征值进行分解时，我们得到的特征值并不完全准确，因此无法确定子空间的维数，理想情况下，$\Sigma_N$ 是包含噪声功率 $\sigma^2$ 的对角阵，表示为

$$U_N \Sigma_N U_N^H = \sigma^2 I_M \quad (6\text{-}16)$$

由于 $[U_S, U_N]$ 为酉矩阵，故有 $U_S^H U_N = 0$。所以用 $U_N$ 右乘协方差矩阵得

$$RU_N = A(\theta)R_S A^H(\theta)U_N + \sigma^2 U_N = 0 + \sigma^2 U_N \quad (6\text{-}17)$$

化简得 $A(\theta)R_S A^H(\theta)U_N = 0$。由于 $R_S$ 为非奇异矩阵，上式等价为 $A^H(\theta)U_N = 0$，

即频率导向矢量与噪声子空间具有正交性,故

$$U_N^H a(\theta) = 0, \theta \in \{\theta_1, \theta_2, \cdots, \theta_K\} \quad (6\text{-}18)$$

通常情况下,信号子空间可由导向矢量矩阵对应表示。对应到 $K$ 个信源,这里我们认为其方向向量构成的线性空间 $\{a(\theta_1), a(\theta_2), \cdots, a(\theta_K)\}$ 是满足上式的解空间,即通过式(6-18)可得到信号的 DOA 估计,其峰值:

$$P_{MUSIC} = \frac{1}{a^H(\hat{\theta}) U_N U_N^H a(\hat{\theta})} \quad (6\text{-}19)$$

这里补充说明,空间谱 $P_{MUSIC}$ 并不代表任何意义下的真实谱,只是在谱峰函数取得最大值的附近,对 DOA 的值作出估计。

实际上还存在另一种求根 MUSIC 算法,这种算法本质上是 MUSIC 算法基于 Pisarenko 分解的一种多项式求根,取代了 MUSIC 算法中的谱峰搜索过程,这里不作具体介绍。

MUSIC 算法估计步骤为:

(1)取 $L$ 个采样快拍的输入数据,构造协方差矩阵:

$$\hat{R} = \frac{1}{L} \sum_{t=1}^{L} X(t) X^H(t) \quad (6\text{-}20)$$

(2)对 $\hat{R}$ 进行特征分解,根据对应的特征值构建信号子空间 $U_S$ 和噪声子空间 $U_N$,表示为

$$\hat{R} = \hat{U}_S \Sigma_S \hat{U}_S^H + \hat{U}_N \Sigma_N \hat{U}_N^H \quad (6\text{-}21)$$

(3)根据式(6-19)得到谱峰对应的 DOA:

$$P_{MUSIC} = \frac{1}{a^H(\hat{\theta}) U_N U_N^H a(\hat{\theta})} \quad (6\text{-}22)$$

## 6.2.2 ESPRIT 算法

ESPRIT 算法是基于信号子空间的旋转不变技术来实现信号的波达方向估计。其算法思想是将接收阵列划分为若干个子阵,这里我们简化说明,算法示意如图 6-3。

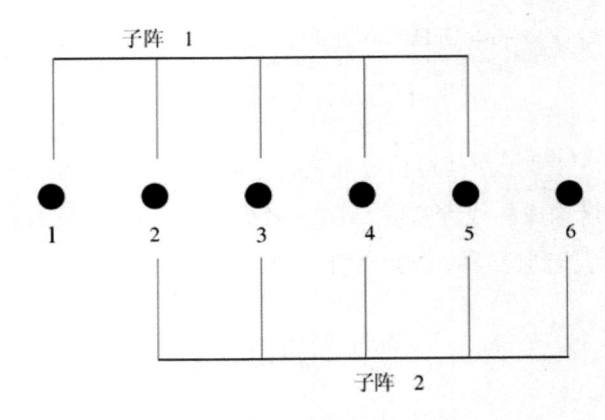

图 6-3  ESPRIT 示意图

假设均匀线阵划分为两个子阵，阵元数 $M=6$，子阵包含 $M-1$ 个阵元，远场空间中存在 $k$ 个相互独立的窄带信号源，入射到该阵列上。则接收信号的快拍数据可以表示为

$$X_1(t) = A_1(\theta)S(t) + N_1(t) \tag{6-23}$$

$$X_2(t) = A_2(\theta)\Phi S(t) + N_2(t) \tag{6-24}$$

式中，$X_1$ 和 $X_2$ 为阵列接收到的子阵 1 和子阵 2 的信号矩阵，$A_1$ 和 $A_2$ 分别是其对应的阵列流型矩阵，$S(t)$ 为空间信号矩阵，$N_1$ 和 $N_2$ 分别为子阵的噪声，$\Phi$ 是包含估计参数的对角阵，即

$$\Phi = \mathrm{diag}\left(e^{-j(2\pi/\lambda)d\cos\phi_1}, \cdots, e^{-j(2\pi/\lambda)d\cos\phi_k}\right) \tag{6-25}$$

由子阵构成矩阵 $X$ 为

$$X = \begin{bmatrix} X_1(t) \\ X_2(t) \end{bmatrix} = GS + N \tag{6-26}$$

其中，

$$G = \begin{bmatrix} A \\ A\Phi \end{bmatrix} \tag{6-27}$$

且

$$W = \begin{bmatrix} W_1(t) \\ W_2(t) \end{bmatrix} \tag{6-28}$$

接收数据的协方差矩阵：

$$R_{xx} = E[XX^H] = GR_sG^H + \sigma^2 I \quad (6\text{-}29)$$

式中，$R_s$ 表示信号的协方差矩阵，接收数据的协方差矩阵有 $k$ 个大特征值，$2M-2-k$ 个小特征值，分别张成信号子空间 $U_s$，和噪声子空间 $U_n$。

$U_s$ 可以划分为两个矩阵 $U_{s1}$ 和 $U_{s2}$，表示为

$$U_s = \begin{bmatrix} U_{s1} \\ U_{s2} \end{bmatrix} \quad (6\text{-}30)$$

重新构建新矩阵 $Q$：

$$Q = \begin{bmatrix} U_{s1}^H \\ U_{s2}^H \end{bmatrix} \cdot [U_{s1} \ U_{s2}] \quad (6\text{-}31)$$

对上式进行特征值分解：

$$Q = \begin{bmatrix} U_{s1}^H U_{s1} & U_{s1}^H U_{s2} \\ U_{s2}^H U_{s2} & U_{s2}^H U_{s1} \end{bmatrix} = V \Sigma V^H \quad (6\text{-}32)$$

其中，$V$ 表示为

$$V = \begin{bmatrix} v_{11} & v_{12} \\ v_{21} & v_{22} \end{bmatrix} \quad (6\text{-}33)$$

根据 TLS 得

$$k = -v_{12} \cdot v_{22}^{-1} = V' \Sigma' V'^H \quad (6\text{-}34)$$

这里通过计算 $\Sigma'$ 的值，可以得到波达方向的估计值。

从上述推导中可以看出，ESPRIT 算法相比 MUSIC 算法省略了构造谱峰函数的过程，计算量较低。

## 6.2.3 传播算子算法

MUSIC 算法及 ESPRIT 算法在运算前都要先估计出信号的子空间，使得计算量增大。为了减轻这部分的计算负担，我们可以运用线性运算的方法得出信号子空间，即传播算子（PM）算法。

假设入射信源相互独立，$A$ 为阵列流型矩阵，对其进行分块：

$$A = \begin{bmatrix} A_1 \\ A_2 \end{bmatrix} \quad (6\text{-}35)$$

式中,$A_1$ 和 $A_2$ 的规模分别为 $K \times K$ 和 $(M-K) \times K$,假设矩阵 $A_1$ 是非奇异的,那么存在一个矩阵 $P$,满足分块矩阵 $A_1$ 和 $A_2$ 之间的线性变换,即:

$$A_2 = P^H A_1 \quad (6\text{-}36)$$

矩阵 $P$ 为传播算子,我们定义一个矩阵 $Q$,表示为

$$Q^H = \begin{bmatrix} P^H & -I_{M-K} \end{bmatrix} \quad (6\text{-}37)$$

代入以上三式可得

$$Q^H A = \begin{bmatrix} P^H & -I_{M-K} \end{bmatrix} \begin{bmatrix} A_1 \\ A_2 \end{bmatrix} = 0_{(M-K) \times K} \quad (6\text{-}38)$$

为了求出传播算子 $P$ 中包含的信号源参数信息,而阵列流型通常都是未知的,所以一般都处理接收数据的协方差矩阵,然后再去求解传播算子矩阵。空间协方差矩阵 $R$ 表示为

$$R = E[XX]^H \quad (6\text{-}39)$$

将上式进行分块处理:

$$R = [G \quad H] \quad (6\text{-}40)$$

那么 $\|H - GP\|_F^2$ 的最小解为

$$\hat{P} = (G^H G)^{-1} G^H H \quad (6\text{-}41)$$

最后构建 PM 算法的空间谱函数为

$$P = \frac{1}{a^H(\theta) \hat{Q} \hat{Q}^H a(\theta)} \quad (6\text{-}42)$$

根据上式即可求得入射信号源的 DOA 参数。

## 6.3 MUSIC 算法对信号 DOA 的性能仿真实验

本节以 MUSIC 算法为例,分析阵元数、快拍数、信噪比对算法估计精度的影响。仿真平台为 MATLAB。设置实验环境:假设空间中存在一个远场窄带独立信源,其

入射角度 $\theta = 30°$，接收阵列为均匀线阵，由 16 个阵元组成，阵元间距为入射信号波长的一半。实验均来自 200 次蒙特卡洛结果。

实验一：观察 MUSIC 算法 DOA 估计均方根误差（Root Mean Square Error，RMSE）随信噪比（Signal Noise Ratio，SNR）变化的性能曲线，设置阵元数为 12，快拍数分别为 10 和 50，信噪比变换范围取 $[0, 20]$，结果如图 6-4 所示。

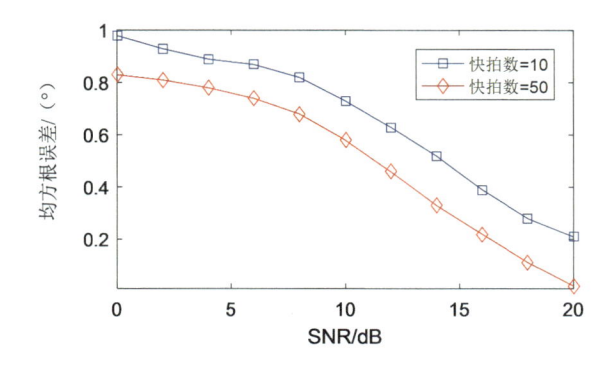

图 6-4  MUSIC 算法的均方根误差随信噪比的变化

实验二：观察 MUSIC 算法 DOA 估计均方根误差（Root Mean Square Error，RMSE）随快拍数的变化性能曲线。设置阵元数为 12，快拍数变化范围取 100～1000，信噪比固定为 10 dB，结果如图 6-5 所示。

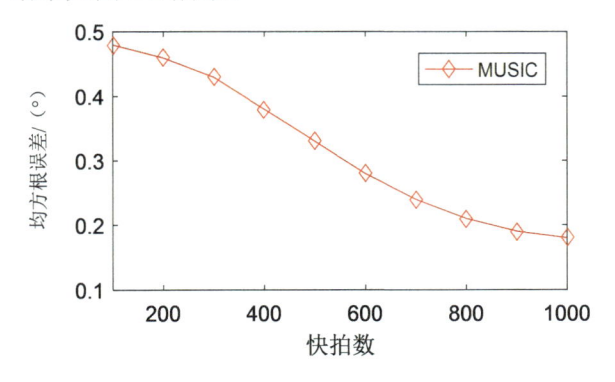

图 6-5  MUSIC 算法的均方根误差随快拍数的变化

实验三：观察 MUSIC 算法 DOA 估计均方根误差（Root Mean Square Error，RMSE）随阵元数变化的性能曲线。设置不同的阵元数 $M = 2, 4, 6, \cdots, 20$，快拍数分别设置为 10 和 50，固定信噪比为 10 dB。

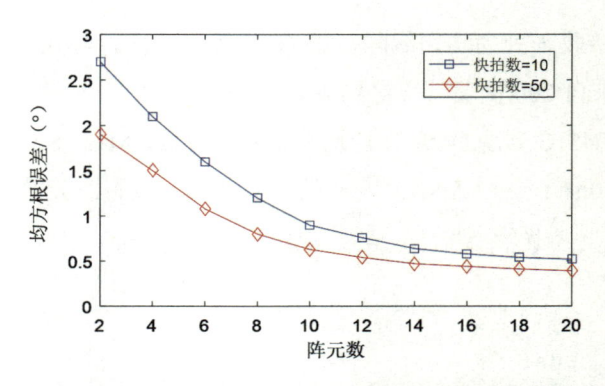

图 6-6 MUSIC 算法的均方根误差随阵元数的变化

从图 6-4 可以看出，随着信噪比的增加，均方根误差在逐步减小，随着快拍数的增加，均方根误差也是在减小的；从图 6-5 可以看出，MUSIC 算法的估计精度随着快拍数的增加在逐渐增高，对照图 6-4，短快拍条件下的估计误差也比较大。通过实验可以得知，MUSIC 算法的 DOA 估计性能会随着信噪比、快拍数、阵元数的增大而提高，精度更高。图 6-6 表明，随着阵元数的增加，MUSIC 算法的均方根误差逐步降低，但阵元数超过 10 以后这种变化趋于平缓。但是在实际应用中，算法的运行环境往往不能达到所需要求，故而应用程度不高。在短快拍条件下，由于采样时间不足，样本数据获得不充分，这样计算得到的样本协方差矩阵与真实协方差的矩阵之间误差较大，会导致算法性能的下降，下面将展开讨论快拍数对 MUSIC 算法的影响。

## 6.4 快拍数变化对 MUSIC 算法的影响

两个平稳信号 $s_i(t)$ 和 $s_k(t)$ 的相关性表示如下：

$$\rho_{ik} = \frac{E[s_i(t)s_k^*(t)]}{\sqrt{E\left[|s_i(t)|^2\right]E\left[|s_k(t)|^2\right]}} \tag{6-43}$$

由柯西-施瓦茨不等式，定义信号相关性如下：

$$\begin{cases} \rho_{ik}=0 & s_i(t), s_k(t) \text{独立} \\ 0<|\rho_{ik}|<1 & s_i(t), s_k(t) \text{相关} \\ \rho_{ik}=1 & s_i(t), s_k(t) \text{相干} \end{cases} \tag{6-44}$$

假设空间中有 $n$ 个入射信源，其相关系数为 1，即 $n$ 个信源是相干的，则 $n$ 个信号可表示为

$$s_i(t)=\alpha_i s_0(t), i=1,2,\cdots,n \tag{6-45}$$

此时阵列接收数据为

$$X(t) = A(\theta)S(t) + N(t) = A(\theta)\rho s_0(t) + N(t) \tag{6-46}$$

式中，$\rho$ 是由复数组成的 $n \times 1$ 维矢量，$\rho = [\alpha_1 \quad \alpha_2 \quad \cdots \quad \alpha_n]^T$。对 $R$ 进行特征分解得：

$$\begin{aligned} R &= A(\theta)R_S A^H(\theta) + \sigma^2 I_M = A(\theta)\rho E[s_0(t)s_0^*(t)]\rho^H A^H(\theta) + \sigma^2 I_M \\ &= A(\theta)\rho E[|s_0(t)|^2]\rho^H A^H(\theta) + \sigma^2 I_M \end{aligned} \tag{6-47}$$

式中，$R_S = \rho E[|s_0(t)|^2]\rho^H$。

假设在 $t_0$ 时刻，阵列接收到的数据表示为

$$X(t_0) = A(\theta)S(t_0) + N(t_0) \tag{6-48}$$

令 $s_0(t_0) = 1$，则有

$$\alpha_i = s_i(t_0), 1 \leqslant i \leqslant M \tag{6-49}$$

将式（6-49）代入式（6-47）得

$$\hat{R} = A(\theta)\rho|s_0(t_0)|\rho^H A^H(\theta) + N(t_0)N^H(t_0) + A(\theta)\rho s_0(t_0)N^H(t_0) + N(t_0)s_0^*(t_0)\rho^H A^H(\theta) \tag{6-50}$$

通过上述公式推导、分析可知，在快拍数为 1 以及信源相干的两种情况下，阵列接收数据的协方差矩阵的秩均为 1；不同之处在于，快拍数为 1 的情况下，不能利用积累来降低噪声对观测数据的影响，但是信源相干的情况下，却能够抑制噪声，快拍数的降低等效降低了信噪比。在实际处理过程中，短快拍条件下的数据模型即对应了信源相干、低信噪比条件下的数据模型，因而在利用子空间类算法进行 DOA 估计时，快拍数据的不足会导致估计性能的下降甚至失效。

之前的研究结果已经发现，传统的子空间类算法在实验条件满足一定条件时会出现典型的"门限效应"[150-151]，即在快拍数或者信噪比的值下降到一定程度时，算法性能会有一个大幅度的下降，如图 6-7 所示曲线。

图 6-7 展示了算法性能随信噪比、快拍数的变换规律，图中Ⅰ、Ⅱ、Ⅲ部分分别称为无可用信息部分、恶化部分、渐进部分。当信噪比（快拍数）下降到Ⅱ、Ⅲ之间时，算法性能大幅度降低，即算法性能恶化的临界点，我们称之为门限。在Ⅲ部分，算法性能呈现线性变换，并逐步逼近克拉美罗界（估计误差的理论下界值），在恶化部分，算法性能随着信噪比（快拍数）的减少，逐步恶化直至失效。

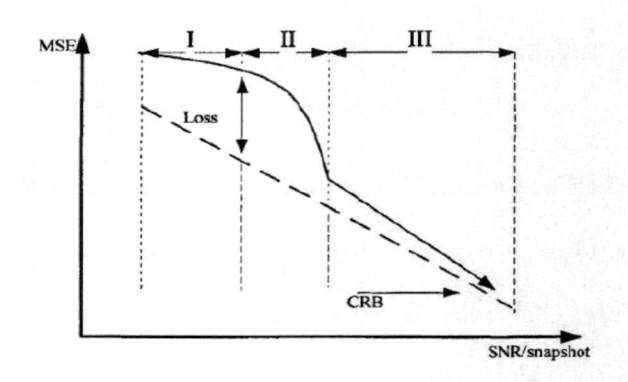

图 6-7 DOA 估计算法均方根误差变换曲线

下面通过分析随机矩阵的分布规律，推导短快拍的定义[152]。

假设 $R$ 的第 $m$ 个特征值为 $\lambda_m$，$m=1,2,\cdots,M'$，$M'$ 表示 $R$ 不相同特征值的数目。这里我们定义，当两个相邻的特征值满足式（6-51）和（6-52）时可以被分离：

$$\frac{N}{M} > \eta(m), \eta(m) = \max_{j \in (m, m-1)} \beta(j) \tag{6-51}$$

$$\beta_j = \frac{1}{M} \sum_{r=1}^{M} Kr \left( \frac{\lambda_r}{\lambda_r - f_j} \right)^2 \tag{6-52}$$

式中，$0 < j < M'$，并且有 $\beta(0) = \beta(M') = 0$，系数是满足式的 $M'-1$ 个实数解。

$$\frac{1}{M} \sum_{m=1}^{M'} K_m \frac{\lambda_m^2}{(\lambda_m - f)^3} = 0 \tag{6-53}$$

式中，$f_1 > f_2 > \cdots > f_{\min}$。

由式（6-51）~式（6-53）可知，代表大特征值的信号子空间与代表小特征值的噪声子空间能否分离，取决于 $N$ 与 $M$ 的比值大小，即分离的条件为

$$\frac{N}{M} > \frac{1}{M} \sum_{r=1}^{M} \left( \frac{\lambda_r}{\lambda_r - f_{\min}} \right)^2 \tag{6-54}$$

由于远场信号协方差矩阵具有渐进性特征，所以式（6-54）可以转化为

$$\frac{N}{M} > \left( \frac{\lambda_M}{\lambda_M - \lambda_P} \right)^2 \tag{6-55}$$

式中，$\lambda_1 \geq \lambda_2 \geq \cdots \geq \lambda_P \geq \lambda_{P+1} = \cdots = \lambda_M = \sigma_n^2$。上式还可以写成：

$$\hat{\lambda}_P > \lambda_M (1 + \sqrt{\gamma}) \tag{6-56}$$

式中，$\gamma = M/N$，$\hat{\lambda}_P$ 为特征值的估计值。

上式也可写成：

$$\hat{\lambda}_P < \hat{\lambda}_{P+1}(1+\sqrt{\gamma}) \tag{6-57}$$

为对 $\hat{R}$ 进行特征值分解，将得到的特征值降序排列，上式中 $\hat{\lambda}_P$、$\hat{\lambda}_{P+1}$ 为降序排列的两个相邻特征值。当上式成立时，就说明信号子空间与噪声子空间发生混叠，子空间互相泄漏，我们将上式中的临界值定义为短快拍。通常情况下，为了获取较为准确的样本协方差矩阵，快拍数一般要大于100，即认为快拍数取值在100以内的可视为短快拍条件。

## 6.5 本章小结

本章主要对 DOA 估计涉及的理论进行介绍，包括主要前提与假设、信号模型、均匀线阵以及三种经典的子空间类 DOA 估计算法，通过仿真实验表明子空间类算法的估计性能会随着信噪比、阵元数、快拍数的增加而降低，紧接着由阵列接收协方差矩阵的推导，分析证明了在短快拍条件下和低信噪比条件下 DOA 估计问题的本质特征。快拍数对子空间类算法的影响主要体现在对协方差矩阵的特征分解时得到的特征值分布，由于采样数据的不充分，子空间相互泄露，分辨能力降低。最后利用随机矩阵的理论，找到信号协方差矩阵的特征值分布规律，并给出符合短快拍条件的临界值。

# 第 7 章 基于均匀圆阵的二维 DOA 估计

圆形天线阵列可以看作旋转对称共形天线阵列的基本结构单元,即最简单的共形天线阵列。通过对均匀圆阵的分析与探讨,我们可以了解和把握共形天线阵列的一些基本特征。用于均匀圆阵中的子空间类算法如 UCA-RB-MUSIC[153]、UCA- ESPRIT[154]等在短快拍条件下估计性能严重下降甚至失效,稀疏类算法如基于信号稀疏重构的均匀圆阵 DOA 估计方法[155]等虽然对快拍数要求有所降低,但是存在需要额外设置用户参数的问题。本章基于循环迭代技术,提出了均匀圆阵迭代自适应(UCA Iterative Adaptive Approach,UCA-IAA)算法。该算法利用上一次循环获取的谱估计结果构建信号协方差矩阵,然后将信号协方差矩阵求逆作为加权矩阵代入加权最小二乘法求解,最后利用求得的结果再去更新信号能量谱,接着进入下一次迭代,直至迭代收敛,确保了 UCA-IAA 算法在短快拍条件下的估计精度。

## 7.1 均匀圆阵接收信号模型

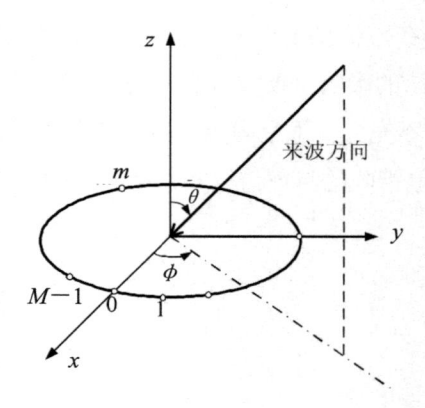

图 7-1 均匀圆阵接收信号示意图

假设均匀圆列的阵元数为 $M$,阵元等间距均匀地分布在圆的外围,圆的半径为 $r$,采用球坐标系来表示来波方向,坐标原点在圆心位置上,即坐标(0,0)。$K$ 个相互独立远场窄带信源位于目标空间中,$\theta_k$、$\phi_k$ 分别代表第 $k$ 个信源的俯仰角和方位角。第 $m$ 个阵元与 $x$ 轴的夹角为

$$\gamma_m = 2\pi/M, m = 0,1,\cdots,M-1 \tag{7-1}$$

其位置矢量为

$$\boldsymbol{p}_m = (r\cos\gamma_m, r\sin\gamma_m, 0) \tag{7-2}$$

信号的入射方向归一化矢量表示为

$$r = (\sin\theta\cos\phi, \sin\theta\sin\phi, \cos\theta) \tag{7-3}$$

来波信号到达第 $m$ 个阵元相对于参考原点之间的时延为

$$\tau_m = r \cdot p / c = r\sin\theta\cos(\phi - \gamma_m)/c \tag{7-4}$$

同一时刻，第 $m$ 个阵元接收到的信号复包络与参考原点之间的相位差为

$$\psi_m = e^{-j\omega_0\tau_m} = e^{-jk_0 r\sin\theta\cos(\phi-\gamma_m)} = e^{-j\varsigma\cos(\phi-\gamma_m)} \tag{7-5}$$

式中，$k_0$ 为传播常数，$k_0 = 2\pi/\lambda$，$c$ 为光速，$\lambda$ 为信号波长，$\varsigma = k_0 r\sin\theta$。

则有 UCA 的方向矢量为

$$a(\theta,\phi) = \left(e^{-j\varsigma\cos(\phi-\gamma_0)}, e^{-j\varsigma\cos(\phi-\gamma_1)}, \cdots, e^{-j\varsigma\cos(\phi-\gamma_{M-1})}\right)^T \tag{7-6}$$

整个阵列的接收信号可以表示成以下矩阵形式：

$$X(n) = A(\theta,\phi)S(n) + e(n) \tag{7-7}$$

式中，$X(n)$ 是阵列输出数据矢量；$S(n) = (s_1(n), s_2(n), \cdots, s_K(n))^T$ 是信号复幅值矢量；$e(n)$ 是噪声矢量；$A(\theta,\phi)$ 为阵列流型矩阵，有如下形式：

$$A(\theta,\phi) = \begin{bmatrix} a(\theta_1,\phi_1) & a(\theta_2,\phi_2) & \cdots & a(\theta_K,\phi_K) \end{bmatrix} \tag{7-8}$$

## 7.2 UCA-IAA 算法

### 7.2.1 数据模型

在阵列信号处理领域经常出现的数据模型如下：

$$y = \sum_{l=1}^{L} a(\tilde{\omega}_l)\tilde{s}_l + \varepsilon \tag{7-9}$$

式中，$y \in \mathbf{C}^{N\times 1}$ 称为快拍数据；$\varepsilon \in \mathbf{C}^{N\times 1}$ 表示噪声；$\tilde{\omega}_l \in U \subset \mathbf{R}$ 和 $\tilde{s}_l \in \mathbf{C}$ 是第 $l$ 个信号待估计的参数；$a(\cdot): U \to \mathbf{C}^{N\times 1}$ 是已知函数；$a(\tilde{\omega}_l)$ 是 $\tilde{\omega}_l$ 的导向矢量；$\tilde{s}_l \in \mathbf{C}$ 是 $\tilde{\omega}_l$ 的幅值，$\{\tilde{\omega}_l\}_{k=1}^{K}$ 为信号中真实存在的参数；$\varepsilon$ 是零均值加性高斯白噪声。

这里我们首先将感兴趣的参数范围离散化得到刻度 $\{\omega_l\}_{k=1}^{K}$，假设 $\{\tilde{\omega}_l\}_{l=1}^{L}$ 被包含在 $\{\omega_l\}_{k=1}^{K}$ 内，然后估计其幅值。此时，式（7-9）可重新表示为

$$y = \sum_{k=1}^{K} a(\omega_k) s_k + \varepsilon \tag{7-10}$$

式中，$a(\omega_k)$ 为 $\omega_k$ 的导向矢量；$s_k$ 表示 $\omega_k$ 的幅值。$\{s_k\}_{k=1}^{K}$ 与 $\{\tilde{s}_l\}_{l=1}^{L}$ 的关系是

$$s_k = \begin{cases} \tilde{s}_l, & \omega_k = \tilde{\omega}_l \\ 0, & \omega_k \neq \tilde{\omega}_l \end{cases} \tag{7-11}$$

由于 $\{s_k\}_{k=1}^{K}$ 中除了 $\omega_k = \tilde{\omega}_l$ 的元素其他都为 0，因此谱峰对应的参数 $\omega_k$ 应是信号中真实存在的参数。

### 7.2.2 算法的推导

由上述推导可知均匀圆阵接收的信号数学模型为

$$X(n) = A(\theta, \phi) S(n) + e(n), n = 1, 2, \cdots, N \tag{7-12}$$

式中，$n$ 表示快拍数；$A(\theta, \phi)$ 表示阵列导向矩阵；$S(n)$ 表示信号源数据模型；$e(n)$ 表示噪声；$X(n)$ 表示阵列接收到的快拍数据模型。

构造 $K \times K$ 的能量矩阵 $P$：

$$P = \text{diag}(p_1, p_2, \cdots, p_k) \tag{7-13}$$

$$p_k = \frac{1}{N} \sum_{n=1}^{N} |s_k(n)|^2, k = 1, 2, \cdots, K \tag{7-14}$$

定义信号协方差矩阵：

$$R = A(\theta, \phi) P A^H(\theta, \phi) \tag{7-15}$$

定义噪声和干扰的协方差矩阵：

$$Q(\theta_k, r_k) = R - p_k a(\theta_k, \phi_k) a^H(\theta_k, \phi_k) \tag{7-16}$$

利用加权最小二乘法（WLS）构造代价函数：

$$\sum_{n=1}^{N} \| X(n) - s_k(n) a(\theta_k, \phi_k) \|_W^2 \tag{7-17}$$

式中，$\|x\|_W^2 \triangleq x^H W x$，$W$ 称为加权矩阵，$s_k(n)$ 表示为信号在快拍数为 $n$、角度为 $(\theta_k, \phi_k)$ 的信源幅值，当 $W = Q^{-1}(\theta_k, \phi_k)$ 时 $\hat{s}_k(n)$ 取得最小值，因此，对式（7-17）求关于 $\hat{s}_k(n)$ 的最小化，可得

$$\hat{s}_k(n) = \frac{\boldsymbol{a}^H(\theta_k,\phi_k)\boldsymbol{W}\boldsymbol{X}(n)}{\boldsymbol{a}^H(\theta_k,\phi_k)\boldsymbol{W}\boldsymbol{a}(\theta_k,\phi_k)}, n=1,2,\cdots,N \qquad (7\text{-}18)$$

$\hat{s}_k(n)$ 估计误差的协方差矩阵由下式得出：

$$\begin{aligned}&E\left\{\left[s_k(n)-\hat{s}_k(n)\right]\left[s_k(n)-\hat{s}_k(n)\right]^H\right\}\\ &=\left(\boldsymbol{a}^H(\theta_k,\phi_k)\boldsymbol{W}\boldsymbol{a}(\theta_k,\phi_k)\right)^{-1}\boldsymbol{a}^H(\theta_k,\phi_k)\boldsymbol{W}E\left(\boldsymbol{e}(n)\boldsymbol{e}^H(n)\right)\cdot\boldsymbol{W}\boldsymbol{a}(\theta_k,\phi_k)\left(\boldsymbol{a}^H(\theta_k,\phi_k)\boldsymbol{W}\boldsymbol{a}(\theta_k,\phi_k)\right)^{-1}\\ &=\left(\boldsymbol{a}^H(\theta_k,\phi_k)\boldsymbol{W}\boldsymbol{a}(\theta_k,\phi_k)\right)^{-1}\boldsymbol{a}^H(\theta_k,\phi_k)\boldsymbol{W}\boldsymbol{Q}(\theta_k,\phi_k)\boldsymbol{W}\boldsymbol{a}(\theta_k,\phi_k)\left(\boldsymbol{a}^H(\theta_k,\phi_k)\boldsymbol{W}\boldsymbol{a}(\theta_k,\phi_k)\right)^{-1}\end{aligned}$$

(7-19)

当 $\boldsymbol{W}=\boldsymbol{Q}^{-1}(\theta_k,\phi_k)$，上式取得最小值，转化为

$$\hat{s}_k(n)=\frac{\boldsymbol{a}^H(\theta_k,\phi_k)\boldsymbol{Q}^{-1}(\theta_k,\phi_k)\boldsymbol{X}(n)}{\boldsymbol{a}^H(\theta_k,\phi_k)\boldsymbol{Q}^{-1}(\theta_k,\phi_k)\boldsymbol{a}(\theta_k,\phi_k)}, n=1,2,\cdots,N \qquad (7\text{-}20)$$

由于要计算矩阵 $\boldsymbol{Q}(\theta_k,\phi_k)$ 的逆，运算量相对较大，据矩阵求逆引理[88]，用 $\boldsymbol{R}^{-1}$ 可以代替 $\boldsymbol{Q}^{-1}(\theta_k,\phi_k)$，重新整理式（7-18）：

$$\begin{aligned}\hat{s}_k(n)&=\frac{\boldsymbol{a}_k^H\left(\boldsymbol{R}-p_k\boldsymbol{a}_k\boldsymbol{a}_k^H\right)^{-1}\boldsymbol{X}(n)}{\boldsymbol{a}_k^H\left(\boldsymbol{R}-p_k\boldsymbol{a}_k\boldsymbol{a}_k^H\right)^{-1}\boldsymbol{a}_k}\\ &=\frac{\boldsymbol{a}_k^H\left[\boldsymbol{R}^{-1}+\boldsymbol{R}^{-1}\boldsymbol{a}_k\left(\dfrac{1}{p_k}-\boldsymbol{a}_k^H\boldsymbol{R}^{-1}\boldsymbol{a}_k\right)^{-1}\boldsymbol{a}_k^H\boldsymbol{R}^{-1}\right]\boldsymbol{X}(n)}{\boldsymbol{a}_k^H\left[\boldsymbol{R}^{-1}+\boldsymbol{R}^{-1}\boldsymbol{a}_k\left(\dfrac{1}{p_k}-\boldsymbol{a}_k^H\boldsymbol{R}^{-1}\boldsymbol{a}_k\right)^{-1}\boldsymbol{a}_k^H\boldsymbol{R}^{-1}\right]\boldsymbol{a}_k}\end{aligned}\qquad(7\text{-}21)$$

式中，$\left(\dfrac{1}{p_k}-\boldsymbol{a}_k^H\boldsymbol{R}^{-1}\boldsymbol{a}_k\right)^{-1}$ 是一个常数，可以提取出来，设 $u=\left(\dfrac{1}{p_k}-\boldsymbol{a}_k^H\boldsymbol{R}^{-1}\boldsymbol{a}_k\right)^{-1}$，则式（7-21）可以变为

$$\begin{aligned}\hat{s}_k(n)&=\frac{\boldsymbol{a}_k^H\left(\boldsymbol{R}^{-1}+u\boldsymbol{R}^{-1}\boldsymbol{a}_k\boldsymbol{a}_k^H\boldsymbol{R}^{-1}\right)\boldsymbol{X}(n)}{\boldsymbol{a}_k^H\left(\boldsymbol{R}^{-1}+u\boldsymbol{R}^{-1}\boldsymbol{a}_k\boldsymbol{a}_k^H\boldsymbol{R}^{-1}\right)\boldsymbol{a}_k}\\ &=\frac{\boldsymbol{a}_k^H\boldsymbol{R}^{-1}\boldsymbol{X}(n)+u\boldsymbol{a}_k^H\boldsymbol{R}^{-1}\boldsymbol{a}_k\boldsymbol{a}_k^H\boldsymbol{R}^{-1}\boldsymbol{X}(n)}{\boldsymbol{a}_k^H\boldsymbol{R}^{-1}\boldsymbol{a}_k+u\boldsymbol{a}_k^H\boldsymbol{R}^{-1}\boldsymbol{a}_k\boldsymbol{a}_k^H\boldsymbol{R}^{-1}\boldsymbol{a}_k}\end{aligned}\qquad(7\text{-}22)$$

其中，由于 $a_k^H R^{-1} a_k$ 和 $a_k^H R^{-1} X(n)$ 这两项也是常数，继续整理归纳式（7-22），得

$$\begin{aligned}\hat{s}_k(n) &= \frac{a_k^H R^{-1} X(n) + u a_k^H R^{-1} a_k a_k^H R^{-1} X(n)}{a_k^H R^{-1} a_k + u a_k^H R^{-1} a_k a_k^H R^{-1} a_k} \\ &= \frac{\left(1 + u a_k^H R^{-1} a_k\right) a_k^H R^{-1} X(n)}{\left(1 + u a_k^H R^{-1} a_k\right) a_k^H R^{-1} a_k} \\ &= \frac{a_k^H R^{-1} X(n)}{a_k^H R^{-1} a_k}\end{aligned} \qquad (7\text{-}23)$$

由上面的推导可知，$\hat{s}_k(n)$ 可以写成下面的形式：

$$\hat{s}_k(n) = \frac{a^H(\theta_k, \phi_k) R^{-1} X(n)}{a^H(\theta_k, \phi_k) R^{-1} a(\theta_k, \phi_k)}, n = 1, 2, \cdots, N \qquad (7\text{-}24)$$

因此不需要对每个 $(\theta_k, \phi_k)$ 都求一次 $Q(\theta_k, \phi_k)$，而且省略了很多 $Q(\theta_k, \phi_k)$ 的求逆过程，简化了运算量。

式（7-24）得到了 $(\theta_k, \phi_k)$ 处对应信源 $\hat{s}_k(n)$ 的估计值。将 $\hat{s}_k(n)$ 代入式（7-14）即可计算第 $k$ 个潜在信源的能量。即

$$\hat{p}_k(n) = \frac{1}{N} \sum_{n=1}^{N} \left| \frac{a^H(\theta_k, \phi_k) R^{-1} X(n)}{a^H(\theta_k, \phi_k) R^{-1} a(\theta_k, \phi_k)} \right|^2, k = 1, 2, \cdots, K \qquad (7\text{-}25)$$

构造能量矩阵 $\hat{P}$：

$$\hat{P} = \text{diag}\{\hat{p}_1, \hat{p}_2, \cdots, \hat{p}_k\} \qquad (7\text{-}26)$$

通过上述分析，可以看出每次更新估计结果时的数据均利用上一次循环获取的谱估计结果构建信号协方差矩阵，然后将信号协方差矩阵求逆作为加权矩阵代入加权最小二乘法求解，最后利用求得的结果再去更新信号能量谱接着进入下一次迭代，直至迭代收敛，因此所提 UCA-IAA 算法在短快拍条件下也能拥有很好的估计性能。

### 7.2.3 算法流程

UCA-IAA 算法流程：

第一步：初始化。

$$\hat{s}_k^{(0)}(n) = \frac{\boldsymbol{a}^H(\theta_k,\phi_k)\boldsymbol{X}(n)}{\|\boldsymbol{a}(\theta_k,\phi_k)\|^2}, k=1,2,\cdots,K$$

$$\hat{p}_k^{(0)}(n) = \frac{1}{N}\sum_{n=1}^{N}\left|\hat{s}_k^{(0)}(n)\right|^2, k=1,2,\cdots,K$$

$$\hat{\boldsymbol{P}}^{(0)} = \mathrm{diag}\left(\hat{p}_1^{(0)},\hat{p}_2^{(0)},\cdots,\hat{p}_K^{(0)}\right)$$ 初始化能量对角矩阵。

第二步：循环迭代。

（1）构造能量矩阵 $\hat{p}_k^{(i)}(n) = \frac{1}{N}\sum_{n=1}^{N}\left|\hat{s}_k^{(i-1)}(n)\right|^2, k=1,2,\cdots,K$；$\hat{\boldsymbol{P}}^{(i)} = \mathrm{diag}\left(\hat{p}_1^{(i)},\hat{p}_2^{(i)},\cdots,\hat{p}_K^{(i)}\right)$，$\hat{p}_k^{(i)}$ 是第 $k$ 个潜在信源在第 $i$ 次迭代的估计值。

（2）构建信号协方差矩阵 $\boldsymbol{R}^{(i)} = \boldsymbol{A}(\theta,\phi)\hat{\boldsymbol{P}}^{(i)}\boldsymbol{A}^H(\theta,\phi)$。

（3）求解 $\hat{s}_k^{(i)}(n) = \dfrac{\boldsymbol{a}^H(\theta_k,\phi_k)\boldsymbol{R}^{-1}\boldsymbol{X}(n)}{\boldsymbol{a}^H(\theta_k,\phi_k)\boldsymbol{R}^{-1}\boldsymbol{a}(\theta_k,\phi_k)}$。

（4）当迭代收敛或 $\left|\hat{s}_k^{(i)} - \hat{s}_k^{(i-1)}\right|^2$ 小于一个预设的阈值时，停止迭代，否则返回（1），继续利用 $\hat{s}_k^{(i)}(n)$ 计算 $p_k^{(i+1)}$。

第三步：迭代收敛结束，以收敛结束时的结果 $\hat{p}_k^{(end)}$ 作为第 $k$ 个信源对应的谱峰函数，谱峰 $\hat{p}_k^{(end)}$ 对应的方位角和俯仰角即为真实入射信源的二维 DOA 估计值。

## 7.3 仿真分析

为了对 UCA-IAA 算法的估计性能进行分析。下面将所提算法与 UCA-RB-MUSIC 算法、基于信号稀疏重构的均匀圆阵 DOA 估计方法（记为 UCA-L1），在空间谱估计、估计均方根误差和估计分辨率概率等方面进行比较。为了不失一般性，阵元数设置为 15。空间中两个相互独立的窄带信号，入射角度分别为 $(55°,30°)$、$(60°,35°)$。假设在对波达方向估计前对信源位置有一个粗略的认知，因此设置方位角扫描范围 $[50°,65°]$，俯仰角扫描范围 $[25°,40°]$，扫描间隔 $0.5°$。实验依托 MATLAB 软件展开，每组进行 200 次蒙特卡洛实验。

实验一：设置快拍数分别为 100 和 10，信噪比设置为 10 dB，观察 UCA-IAA 算法和 UCA-RB-MUSIC 算法的 DOA 估计能力，谱峰图的 $x$ 轴对应信源方位角度，$y$

轴对应信源俯仰角度。

从图 7-2 可以看出，当快拍数据足够充分时，UCA-RB-MUSIC 算法、UCA-IAA 算法都能分辨出空间中的两个相邻信源，谱峰所对应的方位角度和俯仰角度与实验假设的信源角度完全一致。但是 UCA-IAA 算法的旁瓣较之 UCA-RB-MUSIC 算法很低，说明 UCA-IAA 算法能够很好地抑制频谱泄露问题。从图 7-3 可以看出，当快拍数给到很低，如实验假设的快拍数为 10 时，UCA-RB-MUSIC 算法的性能已经完全失效，空间谱较为杂乱，已经无法分辨出空间中信号源的真实个数与波达方向大小，而本书所提 UCA-IAA 算法依然可以分辨出两个相邻信源，旁瓣水平较低，二维 DOA 估计值和假设值没有偏差，证明了 UCA-IAA 算法在短快拍条件下的良好估计性能。

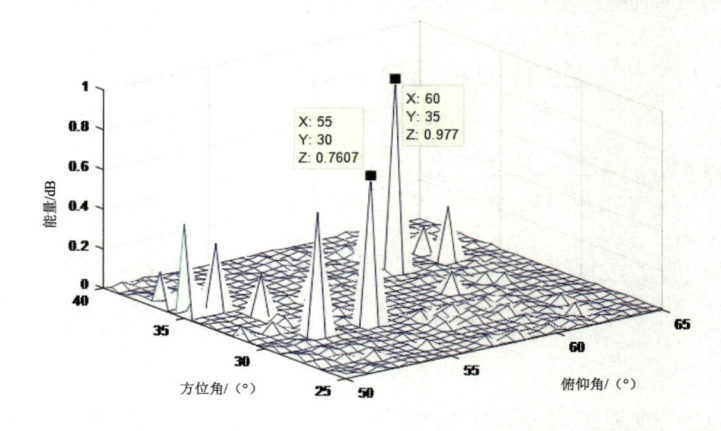

（a）UCA-RB-MUSIC

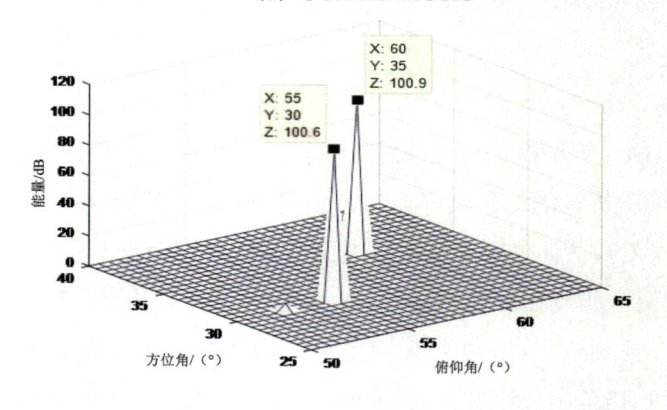

（b）UCA-IAA

图 7-2 快拍数 100 时的空间谱

第 7 章 基于均匀圆阵的二维 DOA 估计

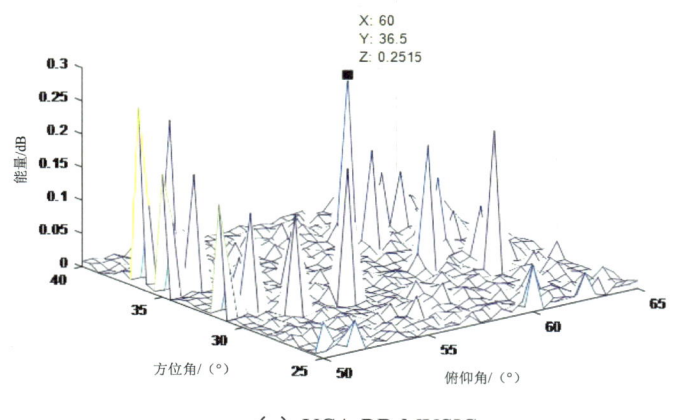

（a）UCA-RB-MUSIC

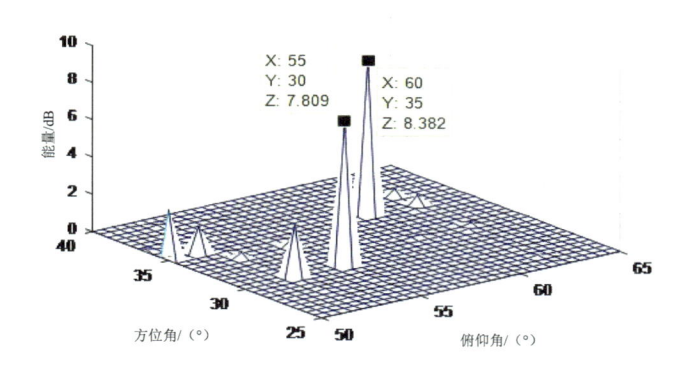

（b）UCA-IAA

**图 7-3 快拍数 10 时的空间谱**

实验二：在该实验中，观察对比本书所提 UCA-IAA 算法、UCA-RB-MUSIC[153]算法、UCA-L1[155]算法的均方根误差随信噪比和快拍数的变化曲线。定义 DOA 的均方根误差为

$$\theta_{RMSE} = \sqrt{\frac{1}{KN_{mc}} \sum_{k=1}^{K} \sum_{i=1}^{N_{mc}} (\hat{\theta}_{i,k} - \theta_k)^2} \tag{7-27}$$

式中，$N_{mc}$ 为蒙特卡洛实验次数；$K$ 表示信源个数；$\hat{\theta}_{i,k}$ 表示第 $i$ 次实验中的二维波达方向的估计值；$\theta_k$ 为第 $k$ 个信源的真实值。固定快拍数为 20，图 7-4 表示角度估计值的 RMSE 随 SNR 变化的情况，图 7-5 表示角度估计值的 RMSE 随快拍数变化的情况。其他实验条件不变。

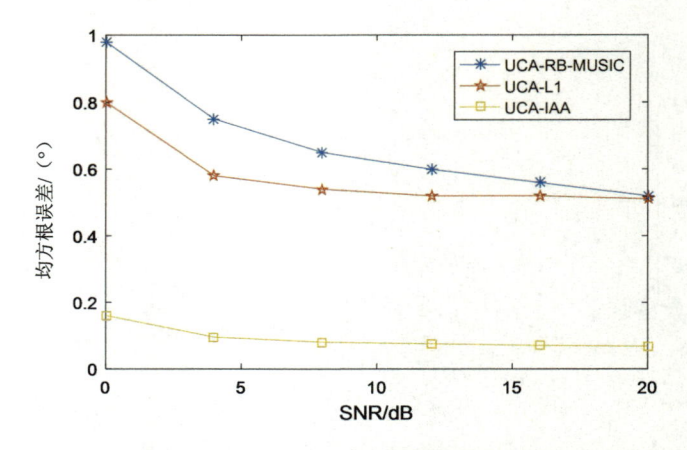

图 7-4　算法估计均方根误差随信噪比变化对比图

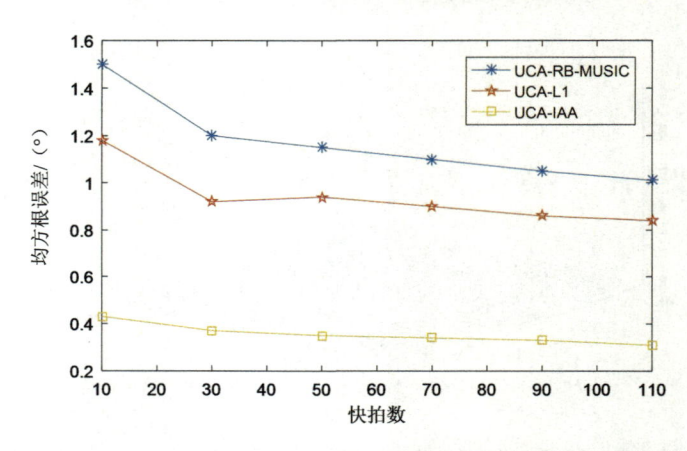

图 7-5　算法估计均方根误差随快拍数变化对比图

从图 7-4、图 7-5 可以看出，UCA-IAA 算法、UCA-RB-MUSIC 算法，以及 UCA-L1 算法的估计精度随着信噪比、快拍数的增加均有所提高，但是 UCA-IAA 算法在相同信噪比、相同快拍数的情况下，估计精度明显优于其余两种算法。当快拍数下降到一个较低的水平时，UCA-RB-MUSIC 算法的估计精度会明显下降，而 UCA-IAA 算法的估计精度一直维持在一个较高的水平。由于使用了循环迭代技术，快拍数的变化对算法的性能影响较小，验证了本书所提算法在短快拍条件下的优异性能。

实验三：本实验主要分析比较快拍数对算法 DOA 分辨概率的影响。DOA 分辨概率指算法分辨空间中两个相隔较近信源的能力，定义实验成功如下：

$$\max\left\{\left|\hat{\theta}_{j,1}-\theta_1\right|,\left|\hat{\theta}_{j,2}-\theta_2\right|\right\}\leqslant\left|\theta_1-\theta_2\right|/2 \qquad (7\text{-}28)$$

式中，$\theta_1,\theta_2$ 指的是信源真实的 DOA 值；$\hat{\theta}_{j,1},\hat{\theta}_{j,2}$ 表示两个角度的估计值。

实验设置两个信源放置为$(5°,10°)$和$(10°,15°)$。快拍数设置为100，信噪比设置变化范围$[-10\text{ dB},15\text{ dB}]$；观察分辨概率随信噪比的变化曲线。

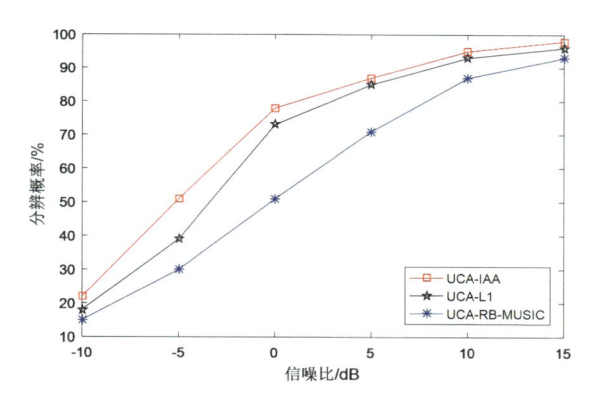

图 7-6　算法分辨概率随信噪比变化对比图

信噪比设置为 10 dB，快拍数设置变化范围$[0,100]$，观察分辨概率随快拍数的变化曲线。

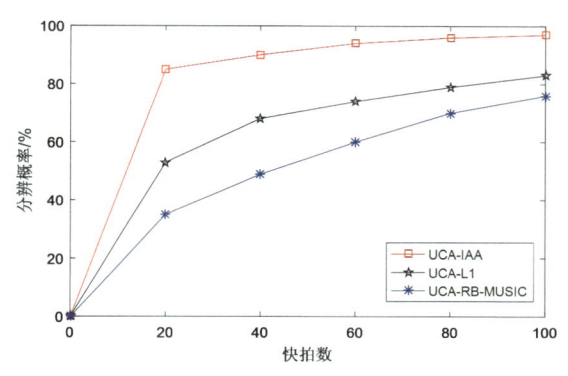

图 7-7　算法分辨概率随快拍数变化对比图

从上图可以看出，UCA-IAA 算法的分辨成功率在这三种算法中是最高的，在快拍数为 20 的情况下，UCA-IAA 算法的分辨概率达到 90%左右，而其余两种算法的分辨率不足 50%，表明了 UCA-IAA 算法在短快拍条件下的优越性能。

## 7.4　本章小结

本章针对均匀圆阵二维 DOA 估计提出了 UCA-IAA 算法，在短快拍条件下，该算法相比传统的子空间类算法性能更高。该算法利用上一次循环获取的谱估计结果构建信号协方差矩阵，然后将信号协方差矩阵求逆作为加权矩阵代入加权最小二乘法求解，最后利用求得的结果再去更新信号能量谱接着进入下一次迭代，直至迭代收敛，获得谱峰对应二维 DOA 估计值。该算法每次迭代时都充分利用了上一次的谱估计信息，从而省略了对阵列接收数据协方差矩阵的操作，降低了计算负担，避免了因快拍数据获取不足导致的估计误差，因此保证了 UCA-IAA 算法在短快拍条件下的估计性能。从仿真结果上看，所提算法在短快拍条件下，在估计精度、分辨能力方面明显优于 UCA-RB-MUSIC、UCA-L1 算法，确保了 UCA-IAA 算法在短快拍条件下的估计精度。

# 第 8 章 基于柱面共形阵的二维 DOA 估计

单曲面，尤其是圆柱面普遍应用与共形天线阵列，其可以看作多个圆形阵列的叠加，本章基于柱面共形阵，对信源的二维 DOA 进行研究。柱面共形阵的二维 DOA 估计算法大都基于 MUSIC、ESPRIT 算法理论，针对柱面共形阵，研究者们具体提出了一些估计算法。例如适用于柱面共形阵高性能低复杂度 DOA 估计算法[156]、柱面共形阵列天线盲极化 2D DOA 估计算法[157]等。以上算法在快拍数据充足的条件下具有较高的分辨率，一旦受到外部复杂环境的影响，快拍数据不能够满足算法需求，算法的性能会下降甚至失效。

针对上述问题，本章通过欧拉旋转变换建立柱面共形阵接收数据模型，设计滤波器，使得感兴趣的信源频率无失真地通过，并抑制其他干扰和噪声；通过循环迭代更新优化滤波器的结构，抑制频谱泄露，最终获取扫描空间中所有信号源的空间谱，确定入射信号源的二维 DOA 估计值。仿真实验表明所提算法在短快拍条件下能够实现对信源入射角度的高精度估计。

## 8.1 柱面共形阵接收数据模型

假设有 $K$ 个互不相关的远场窄带信源入射到 $M \times N$ 元柱面共形阵上，阵元数为 $D = N \times M$，其结构如图 8-1 所示。

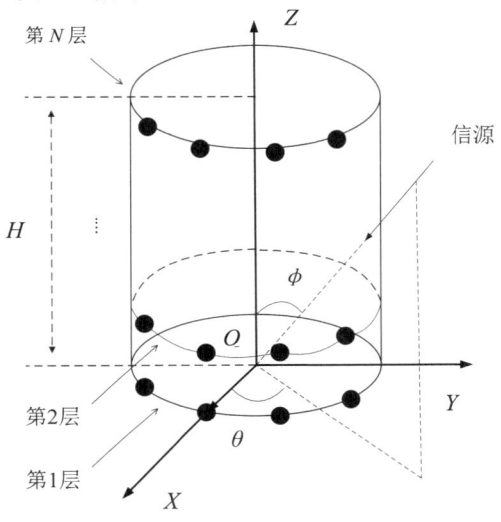

图 8-1 柱面共形阵列结构

坐标原点的位置即为参考阵元位置，定义 $n$ 为由下至上的圆环序号，$m$ 为每一圆环上逆时针方向的阵元序号，$R$ 表示圆柱半径，$H$ 表示圆柱的高，$d$ 为上下两阵元间的距离，$\beta$ 表示同一圆环上相邻两阵元之间的夹角。

坐标定义如下：阵列全局坐标 $(X,Y,Z)$，单位方向向量 $(u_X,u_Y,u_Z)$；阵元局部坐标 $(\tilde{X},\tilde{Y},\tilde{Z})$，单位方向向量 $(u_{\bar{X}},u_{\bar{Y}},u_{\bar{Z}})$；阵列全局极坐标 $(r,\theta,\phi)$，单位方向向量 $(u_\theta,u_\phi)$；阵元局部极坐标 $(\tilde{r},\tilde{\theta},\tilde{\phi})$，单位方向向量 $(u_{\bar{\theta}},u_{\bar{\phi}})$。

欧拉旋转变换的具体步骤如下：

（1）已知入射角度 $(\theta,\phi)$，将阵元全局极坐标变换为全局直角坐标：

$$x_i = \sin(\theta)\cos(\phi),\ y_i = \sin(\theta)\sin(\phi),\ z_i = \cos(\theta) \tag{8-1}$$

（2）使用欧拉旋转变换将全局直角坐标转变成局部直角坐标，转换关系如下：

$$(\bar{x}_i,\bar{y}_i,\bar{z}_i)^T = \boldsymbol{R}(D,E,F) \times (x_i,z_i,y_i)^T \tag{8-2}$$

式中，$\boldsymbol{R}(D,E,F)$ 代表欧拉旋转矩阵：

$$\begin{cases} \boldsymbol{R}(D,E,F) = \boldsymbol{E}(Z'',F)\boldsymbol{E}(Y',E)\boldsymbol{E}(Z,D) \\ \boldsymbol{E}(Z'',F) = \begin{bmatrix} \cos F & \sin F & 0 \\ -\sin F & \cos F & 0 \\ 0 & 0 & 1 \end{bmatrix} \\ \boldsymbol{E}(Y',E) = \begin{bmatrix} \cos F & 0 & \sin F \\ 0 & 1 & 0 \\ \sin E & 0 & \cos E \end{bmatrix} \\ \boldsymbol{E}(Z,D) = \begin{bmatrix} \cos D & \sin D & 0 \\ -\sin D & \cos D & 0 \\ 0 & 0 & 1 \end{bmatrix} \end{cases} \tag{8-3}$$

$\boldsymbol{E}(Z,D),\boldsymbol{E}(Y',E),\boldsymbol{E}(Z'',F)$ 分别表示平面 $YOZ,XOY,XOZ$ 绕垂直于该平面的轴以右手准则作欧拉旋转变换。

（3）将阵元的局部直角坐标转换成局部极坐标，通过如下关系式：

$$\begin{cases} \bar{\theta}_i = \arcsin(\bar{z}_i) \\ \bar{\phi}_i = \begin{cases} \pi + \arctan(\bar{y}_i/\bar{x}_i),\ x_i \leqslant 0 \\ \arctan(\bar{y}_i/\bar{x}_i),\ x_i \geqslant 0 \end{cases} \end{cases} \tag{8-4}$$

(4) 根据上述步骤可以确定第 $i$ 个阵元在局部坐标系中的方向图:

$$g_i(\overline{\theta}_i,\overline{\phi}_i) = g_{i\overline{\theta}}(\overline{\theta}_i,\overline{\phi}_i)u_{i\theta} + g_{i\overline{\phi}}(\overline{\theta}_i,\overline{\phi}_i)u_{i\phi} \tag{8-5}$$

(5) 将阵元的局部方向图转换成全局的方向图,其变换过程是上述步骤的逆变换:

$$\begin{cases} g_{\overline{x}i} = g_{i\overline{\theta}}(\overline{\theta}_i,\overline{\phi}_i)\cos(\overline{\theta}_i)\cos(\overline{\phi}_i) - g_{i\overline{\phi}}(\overline{\theta}_i,\overline{\phi}_i)\sin(\overline{\phi}_i) \\ g_{\overline{y}i} = g_{i\overline{\theta}}(\overline{\theta}_i,\overline{\phi}_i)\cos(\overline{\theta}_i)\sin(\overline{\phi}_i) + g_{i\overline{\phi}}(\overline{\theta}_i,\overline{\phi}_i)\cos(\overline{\phi}_i) \\ g_{\overline{z}i} = -g_{i\overline{\theta}}(\overline{\theta}_i,\overline{\phi}_i)\sin(\overline{\theta}_i) \end{cases} \tag{8-6}$$

$$\left(g_{xi}, g_{yi}, g_{zi}\right)^{\mathrm{T}} = \boldsymbol{R}^{-1}(D,E,F) \times \left(g_{\overline{x}i}, g_{\overline{y}i}, g_{\overline{z}i}\right)^{\mathrm{T}} \tag{8-7}$$

$$\begin{cases} g_{i\theta}(\theta_i,\phi_i) = -g_{zi}/\sin(\theta) \\ g_{i\phi}(\theta_i,\phi_i) = -g_{xi}\sin(\phi) + g_{yi}\cos(\phi) \end{cases} \tag{8-8}$$

通过以上步骤完成了局部方向图到全局方向图的变换,以全局坐标系为参考,给出如下柱面共形阵列导向矢量:

$$\boldsymbol{a}(\theta,\phi) = \left(r_1 \mathrm{e}^{-\mathrm{j}2\pi\frac{\boldsymbol{B}_1\boldsymbol{u}}{\lambda}}, r_2 \mathrm{e}^{-\mathrm{j}2\pi\frac{\boldsymbol{B}_2\boldsymbol{u}}{\lambda}}, \cdots, r_D \mathrm{e}^{-\mathrm{j}2\pi\frac{\boldsymbol{B}_D\boldsymbol{u}}{\lambda}}\right)^{\mathrm{T}} \tag{8-9}$$

$$\boldsymbol{u} = \sin(\theta)\cos(\phi)\boldsymbol{X} + \sin(\theta)\sin(\phi)\boldsymbol{Y} + \cos(\theta)\boldsymbol{Z} \tag{8-10}$$

$$\begin{aligned} r_i &= \left(\boldsymbol{g}_{i\theta}^2 + \boldsymbol{g}_{i\phi}^2\right)^{1/2} \left(k_{i\theta}^2 + k_{i\phi}^2\right)^{1/2} \cos(\theta_{igk}) \\ &= |\boldsymbol{g}_i||\boldsymbol{p}_l|\cos(\theta_{igk}) = \boldsymbol{g}_i \cdot \boldsymbol{q}_l = \boldsymbol{g}_{i\theta}k_\theta + \boldsymbol{g}_{i\phi}k_\phi \end{aligned} \tag{8-11}$$

式中, $\boldsymbol{B}_i(i=1,2,\cdots,D)$ 表示阵元位置坐标矢量; $\boldsymbol{u}$ 表示信源单位矢量坐标; $(\theta,\phi)$ 分别表示信源相对全局直角坐标的方位角与俯仰角; $r_i(i=1,2,\cdots,D)$ 表示阵列中第 $i$ 个阵元对入射信号源的响应; $k_\theta, k_\phi$ 分别表示信源来波极化状态。

阵列接收数据模型可以表示为

$$\boldsymbol{y}(t) = \boldsymbol{A}(\theta,\phi)\boldsymbol{s}(t) + \boldsymbol{n}(t) \tag{8-12}$$

其中, $\boldsymbol{A}(\theta,\phi) = \left[\boldsymbol{a}(\theta_1,\phi_1) \ \boldsymbol{a}(\theta_2,\phi_2) \ \cdots \ \boldsymbol{a}(\theta_D,\phi_D)\right]^{\mathrm{T}}$ 表示阵列流型矩阵, $\boldsymbol{s}(t) = \left(s_1(t),s_2(t),\cdots,s_K(t)\right)^{\mathrm{T}}$, $s_k(t)$ 是第 $k$ 个信号在快拍数 $t$ 的复幅值; $\boldsymbol{n}(t) = \left(\boldsymbol{n}_1(t),\boldsymbol{n}_2(t),\cdots,\boldsymbol{n}_D(t)\right)^{\mathrm{T}}$ 是零均值加性高斯白噪声,噪声功率为 $\sigma^2$。

## 8.2 CYCA-IAA 算法

### 8.2.1 算法描述

首先,确定一个感兴趣的空间范围,即确定方位角和俯仰角方向上的扫描范围和扫描间隔,二维扫描网格如图 8-2 所示。网格由扫描范围和扫描间隔构成,包含了扫描区域内所有可能存在的信号源二维波达方向,方位角和俯仰角的扫描个数分别为 $N$、$L$。

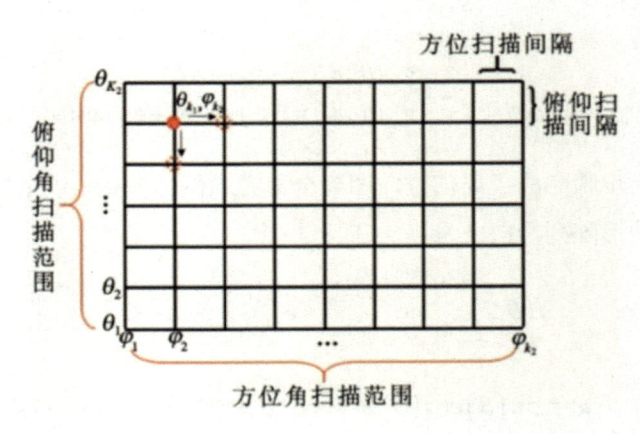

**图 8-2 扫描网格**

构造一个能量矩阵 $\hat{P}$,对角线上的元素包含所有网格点上的能量,令 $K = N \times L$,则 $\hat{P}$ 的规模为 $K \times K$,$s_k(t)$ 表示第 $k$ 个信号的复幅值,表达式如下:

$$\hat{P} = \mathrm{diag}(\hat{p}_1, \hat{p}_2, \cdots, \hat{p}_K) \tag{8-13}$$

$$\hat{p}_k = \frac{1}{T} \sum_{t=1}^{T} |s_k(t)|^2 \tag{8-14}$$

信号的协方差矩阵定义为

$$\boldsymbol{R} = \boldsymbol{H}(\theta, \phi) \hat{\boldsymbol{P}} \boldsymbol{H}(\theta, \phi)^H \tag{8-15}$$

噪声和干扰的协方差矩阵定义为

$$\boldsymbol{Q}(\theta_k, \phi_k) = \boldsymbol{R} - \hat{p}_k \boldsymbol{h}(\theta_k, \phi_k) \boldsymbol{h}(\theta_k, \phi_k)^H \tag{8-16}$$

构建自适应滤波器:

$$J_k = \frac{\boldsymbol{h}(\theta_k, \phi_k)^H \boldsymbol{W}}{\boldsymbol{h}(\theta_k, \phi_k)^H \boldsymbol{W} \boldsymbol{h}(\theta_k, \phi_k)} \tag{8-17}$$

式中，$W$ 称为滤波器的加权矩阵，$h(\theta_k,\phi_k)$ 是角度分量 $(\theta_k,\phi_k)$ 对应的导向矢量。滤波器 $J_k$ 使得与 $h(\theta_k,\phi_k)$ 匹配的角度通过，同时抑制了其他角度及噪声。由式（8-17）估计出第 $k$ 个信源的复幅值为

$$\hat{s}_k(t) = \frac{h(\theta_k,\phi_k)^H W y(t)}{h(\theta_k,\phi_k)^H W h(\theta_k,\phi_k)} \tag{8-18}$$

式中，$t=1,2,\cdots,T$ 表示快拍数。

下面证明为了使上式取得的估计误差最小，$W$ 应该如何选择。$\hat{s}_k(t)$ 估计误差的协方差矩阵由式（8-17）得出：

$$\begin{aligned}&E\{[s_k(t)-\hat{s}_k(t)][s_k(t)-\hat{s}_k(t)]^H\}=\\&(h^H(\theta_k,\phi_k)Wh(\theta_k,\phi_k))^{-1}h^H(\theta_k,\phi_k)WE(n(t)n^H(t))\cdot\\&Wh(\theta_k,r_k)(h^H(\theta_k,\phi_k)Wh(\theta_k,\phi_k))^{-1}=\\&(h^H(\theta_k,\phi_k)Wh(\theta_k,\phi_k))^{-1}h^H(\theta_k,\phi_k)WQ(\theta_k,\phi_k)\cdot\\&Wh(\theta_k,\phi_k)(h^H(\theta_k,\phi_k)Wh(\theta_k,\phi_k))^{-1}\end{aligned} \tag{8-19}$$

这里我们假设 $A$、$B$ 分别为规模 $M\times N$ 和 $N\times K$ 的矩阵，则存在下式：

$$B^H B \geqslant (AB)^H (AA^H)^{-1}(AB) \tag{8-20}$$

分别定义 $A$、$B$、$C$ 如下：

$$A = h^H(\theta_k,\phi_k)Q(\theta_k,\phi_k)^{-\frac{1}{2}} \tag{8-21}$$

$$B = Q(\theta_k,\phi_k)^{-\frac{1}{2}} C^H \tag{8-22}$$

$$C = (h^H(\theta_k,\phi_k)Wh(\theta_k,\phi_k))^{-1}h^H(\theta_k,\phi_k)W \tag{8-23}$$

代入式（8-20）得到

$$\begin{aligned}&CQ(\theta_k,\phi_k)C^H\geqslant(h(\theta_k,\phi_k)C^H)^H(h^H(\theta_k,\phi_k)Q(\theta_k,\phi_k)^{-1}h(\theta_k,\phi_k))^{-1}\cdot\\&(h^H(\theta_k,\phi_k)C^H)=(Ch(\theta_k,\phi_k))(h^H(\theta_k,\phi_k)Q^{-1}(\theta_k,\phi_k)h(\theta_k,\phi_k))^{-1}\cdot\\&(Ch(\theta_k,\phi_k))^H=(h^H(\theta_k,\phi_k)Q^{-1}(\theta_k,\phi_k)h(\theta_k,\phi_k))^{-1}\end{aligned} \tag{8-24}$$

当 $W=Q^{-1}(\theta_k,\phi_k)$ 时，

$$E\{[s_k(t)-\hat{s}_k(t)][s_k(t)-\hat{s}_k(t)]^H\}\geqslant(h^H(\theta_k,\phi_k)Q(\theta_k,\phi_k)^{-1}h(\theta_k,\phi_k))^{-1} \tag{8-25}$$

因此，当 $W=Q^{-1}(\theta_k,\phi_k)$ 时，式（8-19）取得最小值，此时：

$$\hat{s}_k(t) = \frac{\boldsymbol{h}^H(\theta_k,\phi_k)\boldsymbol{Q}^{-1}(\theta_k,\phi_k)\boldsymbol{y}(t)}{\boldsymbol{h}^H(\theta_k,\phi_k)\boldsymbol{Q}^{-1}(\theta_k,\phi_k)\boldsymbol{h}(\theta_k,\phi_k)}, t=1,2,\cdots,T \qquad (8\text{-}26)$$

$\boldsymbol{Q}(\theta_k,\phi_k)^{-1}$ 可以用 $\boldsymbol{R}^{-1}$ 代替。证明如下：

$$(\boldsymbol{A}-\boldsymbol{C}\boldsymbol{B}^{-1}\boldsymbol{D})^{-1} = \boldsymbol{A}^{-1}+\boldsymbol{A}^{-1}\boldsymbol{C}(\boldsymbol{B}-\boldsymbol{D}\boldsymbol{A}^{-1}\boldsymbol{C})^{-1}\boldsymbol{D}\boldsymbol{A}^{-1} \qquad (8\text{-}27)$$

结合式（8-16）中 $\boldsymbol{Q}(\theta_k,\phi_k)$，将（8-26）变形为

$$\hat{s}_k(t) = \frac{\boldsymbol{h}_k^H(\boldsymbol{R}-p_k\boldsymbol{h}_k\boldsymbol{h}_k^H)^{-1}\boldsymbol{y}(t)}{\boldsymbol{h}_k^H(\boldsymbol{R}-p_k\boldsymbol{h}_k\boldsymbol{h}_k^H)^{-1}\boldsymbol{h}_k} = \frac{\boldsymbol{h}_k^H[\boldsymbol{R}^{-1}+\boldsymbol{R}^{-1}\boldsymbol{h}_k\left(\dfrac{1}{p_k}-\boldsymbol{h}_k^H\boldsymbol{R}^{-1}\boldsymbol{h}_k\right)^{-1}\boldsymbol{h}_k^H\boldsymbol{R}^{-1}]\boldsymbol{y}(t)}{\boldsymbol{h}_k^H[\boldsymbol{R}^{-1}+\boldsymbol{R}^{-1}\boldsymbol{h}_k\left(\dfrac{1}{p_k}-\boldsymbol{h}_k^H\boldsymbol{R}^{-1}\boldsymbol{h}_k\right)^{-1}\boldsymbol{h}_k^H\boldsymbol{R}^{-1}]\boldsymbol{h}_k} \qquad (8\text{-}28)$$

式中，$\left(\dfrac{1}{p_k}-\boldsymbol{h}_k^H\boldsymbol{R}^{-1}\boldsymbol{h}_k\right)^{-1}$ 是一个常数。设 $u=\left(\dfrac{1}{p_k}-\boldsymbol{h}_k^H\boldsymbol{R}^{-1}\boldsymbol{h}_k\right)^{-1}$，则上式可变为

$$\begin{aligned}\hat{s}_k(t) &= \frac{\boldsymbol{h}_k^H(\boldsymbol{R}^{-1}+u\boldsymbol{R}^{-1}\boldsymbol{h}_k\boldsymbol{h}_k^H\boldsymbol{R}^{-1})\boldsymbol{y}(t)}{\boldsymbol{h}_k^H(\boldsymbol{R}^{-1}+u\boldsymbol{R}^{-1}\boldsymbol{h}_k\boldsymbol{h}_k^H\boldsymbol{R}^{-1})\boldsymbol{h}_k}\\ &= \frac{\boldsymbol{h}_k^H\boldsymbol{R}^{-1}\boldsymbol{y}(t)+u\boldsymbol{h}_k^H\boldsymbol{R}^{-1}\boldsymbol{h}_k\boldsymbol{h}_k^H\boldsymbol{R}^{-1}\boldsymbol{y}(t)}{\boldsymbol{h}_k^H\boldsymbol{R}^{-1}\boldsymbol{h}_k+u\boldsymbol{h}_k^H\boldsymbol{R}^{-1}\boldsymbol{h}_k\boldsymbol{h}_k^H\boldsymbol{R}^{-1}\boldsymbol{h}_k}\end{aligned} \qquad (8\text{-}29)$$

由于 $\boldsymbol{h}_k^H\boldsymbol{R}^{-1}\boldsymbol{h}_k$ 和 $\boldsymbol{h}_k^H\boldsymbol{R}^{-1}\boldsymbol{y}(t)$ 也是常数，写成紧凑形式：

$$\begin{aligned}\hat{s}_k(t) &= \frac{\boldsymbol{h}_k^H\boldsymbol{R}^{-1}\boldsymbol{y}(t)+u\boldsymbol{h}_k^H\boldsymbol{R}^{-1}\boldsymbol{h}_k\boldsymbol{h}_k^H\boldsymbol{R}^{-1}\boldsymbol{y}(t)}{\boldsymbol{h}_k^H\boldsymbol{R}^{-1}\boldsymbol{h}_k+u\boldsymbol{h}_k^H\boldsymbol{R}^{-1}\boldsymbol{h}_k\boldsymbol{h}_k^H\boldsymbol{R}^{-1}\boldsymbol{h}_k}\\ &= \frac{(1+u\boldsymbol{h}_k^H\boldsymbol{R}^{-1}\boldsymbol{h}_k)\boldsymbol{h}_k^H\boldsymbol{R}^{-1}\boldsymbol{y}(t)}{(1+u\boldsymbol{h}_k^H\boldsymbol{R}^{-1}\boldsymbol{h}_k)\boldsymbol{h}_k^H\boldsymbol{R}^{-1}\boldsymbol{h}_k}\\ &= \frac{\boldsymbol{h}_k^H\boldsymbol{R}^{-1}\boldsymbol{y}(t)}{\boldsymbol{h}_k^H\boldsymbol{R}^{-1}\boldsymbol{h}_k}\end{aligned} \qquad (8\text{-}30)$$

据上述推导，$\hat{s}_k(t)$ 可写成如下形式：

$$\hat{s}_k(t) = \frac{\boldsymbol{h}(\theta_k,\phi_k)^H\boldsymbol{R}^{-1}\boldsymbol{y}(t)}{\boldsymbol{h}(\theta_k,\phi_k)^H\boldsymbol{R}^{-1}\boldsymbol{h}(\theta_k,\phi_k)}, t=1,2,\cdots,T \qquad (8\text{-}31)$$

这里省略了 $Q(\theta_k,\phi_k)$ 的求逆过程，简化了运算量。

由式（8-31）可以得到 $(\theta_k,\phi_k)$ 处信源复幅值的估计，将其平方看作信源的能量，则得到 $(\theta_k,\phi_k)$ 的谱估计：

$$\hat{p}_k = \frac{1}{T}\sum_{t=1}^{T}\left|\frac{\boldsymbol{a}^H(\theta_k,\phi_k)\boldsymbol{R}^{-1}\boldsymbol{y}(t)}{\boldsymbol{a}^H(\theta_k,\phi_k)\boldsymbol{R}^{-1}\boldsymbol{a}(\theta_k,\phi_k)}\right|^2, k=1,2,\cdots,K \quad (8\text{-}32)$$

构造能量矩阵 $\hat{\boldsymbol{P}}$，其包含了每个信源对应的二维角度能量：

$$\hat{\boldsymbol{P}} = \mathrm{diag}(\hat{p}_1,\hat{p}_2,\cdots,\hat{p}_K) \quad (8\text{-}33)$$

为了抑制空域中非信源位置的噪声，在自适应滤波器的基础上加入循环迭代技术，利用上一次迭代得到的信号幅值构建信号协方差矩阵，并对该协方差矩阵进行求逆操作，更新滤波器的结构用以获取下一次的估计值。对第 $i+1$ 次迭代，有：

$$\hat{s}_k^{(i+1)}(t) = \frac{\boldsymbol{h}^H(\theta_k,\phi_k)\boldsymbol{R}^{(i)-1}\boldsymbol{y}(t)}{\boldsymbol{h}^H(\theta_k,\phi_k)\boldsymbol{R}^{(i)-1}\boldsymbol{h}(\theta_k,\phi_k)}, t=1,2,\cdots,T \quad (8\text{-}34)$$

其中，$\boldsymbol{R}^{(i)}$ 由下式得出：

$$\boldsymbol{R}^{(i)} = \boldsymbol{H}(\theta,\phi)\hat{\boldsymbol{P}}^{(i)}\boldsymbol{H}(\theta,\phi)^H \quad (8\text{-}35)$$

$$\hat{p}_k^{(i)} = \frac{1}{T}\sum_{t=1}^{T}\left|s_k^{(i)}(t)\right|^2 \quad (8\text{-}36)$$

$$\hat{\boldsymbol{P}}^{(i)} = \mathrm{diag}\left(\hat{p}_1^{(i)},\hat{p}_2^{(i)},\cdots,\hat{p}_K^{(i)}\right) \quad (8\text{-}37)$$

在迭代之前，使用周期图法估计出信号的初始幅值：

$$\hat{s}_k^{(0)}(t) = \frac{\boldsymbol{h}^H(\theta_k,\phi_k)\boldsymbol{y}(t)}{\|\boldsymbol{h}(\theta_k,\phi_k)\|^2}, k=1,2,\cdots,K \quad (8\text{-}38)$$

得到初始能量矩阵：

$$\hat{p}_k^{(0)} = \frac{1}{T}\sum_{t=1}^{T}\left|\hat{s}_k^{(0)}(t)\right|^2, k=1,2,\cdots,K \quad (8\text{-}39)$$

$$\hat{\boldsymbol{P}}^{(0)} = \mathrm{diag}\left(\hat{p}_1^{(0)},\hat{p}_2^{(0)},\cdots,\hat{p}_K^{(0)}\right) \quad (8\text{-}40)$$

## 8.2.2 算法流程

CYCA-IAA 算法流程如下：

第一步：初始化。

（1） $\hat{s}_k^{(0)}(t) = \dfrac{\boldsymbol{h}^H(\theta_k,\phi_k)\boldsymbol{y}(t)}{\|\boldsymbol{h}(\theta_k,\phi_k)\|^2}, k=1,2,\cdots,K$ ；

（2） $\hat{p}_k^{(0)} = \dfrac{1}{T}\sum\limits_{t=1}^{T}\left|\hat{s}_k^{(0)}(t)\right|^2, k=1,2,\cdots,K$ ；

（3） $\hat{\boldsymbol{P}}^{(0)} = \mathrm{diag}\left(\hat{p}_1^{(0)},\hat{p}_2^{(0)},\cdots,\hat{p}_K^{(0)}\right)$ 。

第二步：构建自适应滤波器并估计信号幅值。

（1） $J_k = \dfrac{\boldsymbol{h}(\theta_k,\phi_k)^H \boldsymbol{W}}{\boldsymbol{h}(\theta_k,\phi_k)^H \boldsymbol{W} \boldsymbol{h}(\theta_k,\phi_k)}$ ；

（2） $\hat{s}_k(t) = \dfrac{\boldsymbol{h}(\theta_k,\phi_k)^H \boldsymbol{R}^{-1} \boldsymbol{y}(t)}{\boldsymbol{h}(\theta_k,\phi_k)^H \boldsymbol{R}^{-1} \boldsymbol{h}(\theta_k,\phi_k)}, t=1,2,\cdots,T$ 。

第三步：构造能量矩阵。

（1） $\hat{p}_k^{(i)} = \dfrac{1}{T}\sum\limits_{t=1}^{T}\left|\hat{s}_k^{(i)}(t)\right|^2, k=1,2,\cdots,K$ ；

（2） $\hat{\boldsymbol{P}}^{(i)} = \mathrm{diag}\left(\hat{p}_1^{(i)},\hat{p}_2^{(i)},\cdots,\hat{p}_K^{(i)}\right)$ 。

第四步：构建信号协方差矩阵。

$\boldsymbol{R}^{(i)} = \boldsymbol{H}(\theta,\phi)\hat{\boldsymbol{P}}^{(i)}\boldsymbol{H}(\theta,\phi)^H$ 。

第五步：循环迭代。

（1） 求解 $\hat{s}_k^{(i+1)}(t) = \dfrac{\boldsymbol{a}^H(\theta_k,\phi_k)\boldsymbol{R}^{-1}\boldsymbol{y}(t)}{\boldsymbol{a}^H(\theta_k,\phi_k)\boldsymbol{R}^{-1}\boldsymbol{a}(\theta_k,\phi_k)}$ 。

（2） 判断结果是否收敛，否则重复第二步到第三步。

## 8.3 仿真实验及分析

为了不失一般性，参考文献[157]设置实验条件，设置阵元数 $D=24$，其中 $M=8, N=3$，柱面横截面半径 $R=5\lambda$，相邻两圆环之间的间隔为 $0.5\lambda$，噪声为加性高斯白噪声。单元方向图设置为

当 $0 \leqslant \theta \leqslant \pi/2$ 时，

$$g_\theta(\theta,\phi) = \left\{J_2\left(\dfrac{\pi d}{\lambda}\sin\theta\right) - J_0\left(\dfrac{\pi d}{\lambda}\sin\theta\right)\right\} \times (\cos\phi - \mathrm{j}\sin\phi) \qquad (8\text{-}41)$$

$$g_\phi(\theta,\phi) = \left\{ J_2\left(\frac{\pi d}{\lambda}\sin\theta\right) + J_0\left(\frac{\pi d}{\lambda}\sin\theta\right)\right\} \times \cos\theta(\sin\phi - \mathrm{j}\cos\phi) \quad (8\text{-}42)$$

其中，$g_\theta(\theta,\phi) = g_\phi(\theta,\phi) = 0$。$J_0, J_2$ 分别是零阶和二阶第一类贝塞尔函数。

实验一：空间中存在三个远场、窄带、独立信源，入射角度分别为 $(62°,66°)$、$(66°,64°)$ 和 $(68°,61°)$，首先确定空间扫描范围，对 $[60°,70°]$ 范围内的方位角和俯仰角分别进行采样，间隔为 $0.5°$。设置信噪为 10 dB，快拍数分别为 100 和 10，图 8-3、8-4 给出了 CYCA-IAA 算法与柱面共形阵列天线盲极化 2D DOA 估计算法[90]（记为 2D ESPRIT）的 DOA 估计结果，其中 $x$ 轴对应方位角，$y$ 轴对应俯仰角。

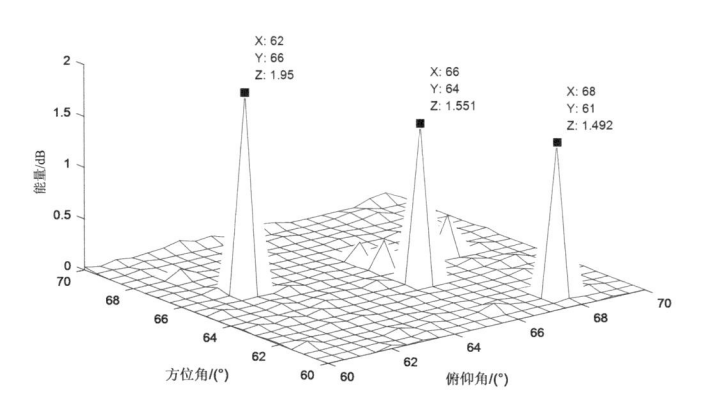

（a）2D ESPRIT

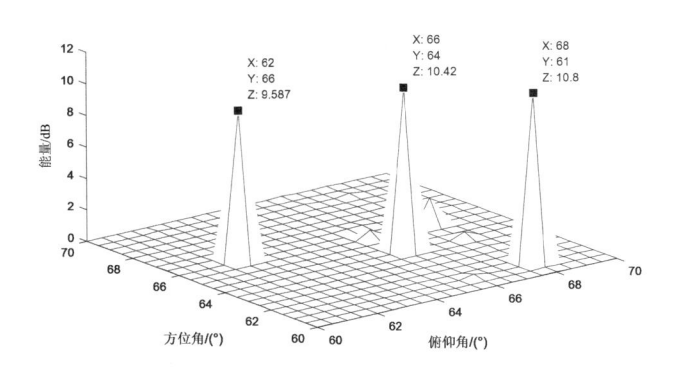

（b）CYCA-IAA

图 8-3 快拍数 100 时的空间谱

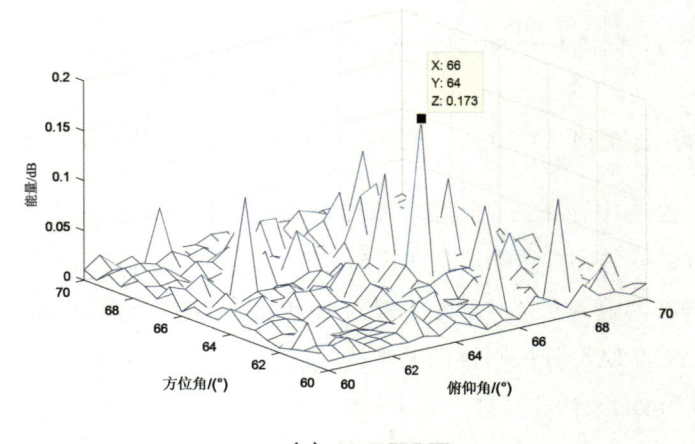

(a) 2D ESPRIT

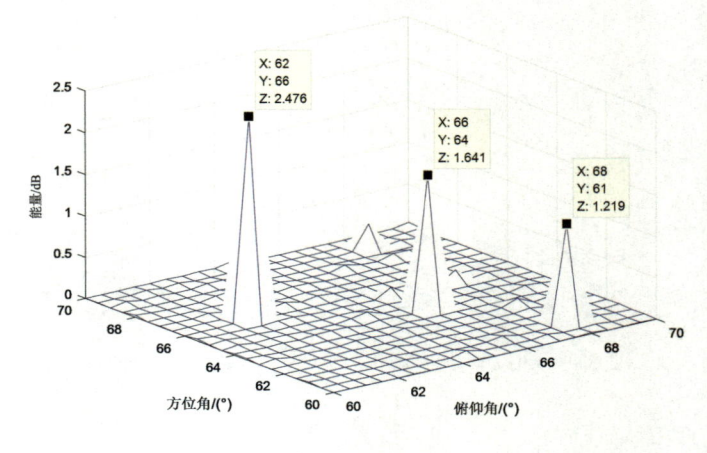

(b) CYCA-IAA

图 8-4 快拍数 10 时的空间谱

从图 8-3 可以看出,当快拍数为 100 时,2D ESPRIT 算法及 CYCA-IAA 算法都可以分辨出三个相邻信源,同时谱峰也较为尖锐,但是 CYCA-IAA 算法较 2D ESPRIT 算法的旁瓣水平很低。从图 8-4 可以看出,当快拍数只有 10 时,2D ESPRIT 已经分辨不出信源的具体个数,频谱泄露非常严重。但 CYCA-IAA 算法依旧准确估计出了入射信源的波达方向二维角度。

实验二:观察均方根误差随信噪比以及快拍数的变换曲线,比较 CYCA-IAA 算法和 2D ESPRIT 算法的估计性能。设第 $n$ 次实验估计出的角度为 $\hat{\theta}_{k,n}$、$\hat{\phi}_{k,n}$,下面给出均方根误差的定义:

$$RMSE = \sqrt{\frac{1}{K}\frac{1}{N}\sum_{1}^{K}\sum_{1}^{N}\left((\hat{\theta}_{k,n}-\theta_k)^2+(\hat{\phi}_{k,n}-\phi_k)^2\right)} \qquad (8\text{-}43)$$

图 8-5 中，固定快拍数为 100，由均方根误差随信噪比增加的变化曲线可以看出，随着信噪比的增加，两种算法的 RMSE 都在逐渐下降。当信噪比的数值很低时，CYCA-IAA 算法由于加入了自适应滤波器，噪声和干扰被抑制，所以在低信噪比条件下依然具有很高的估计精度。而 2D ESPRIT 算法在低信噪比条件下容易出现估计错误，性能因此变差。

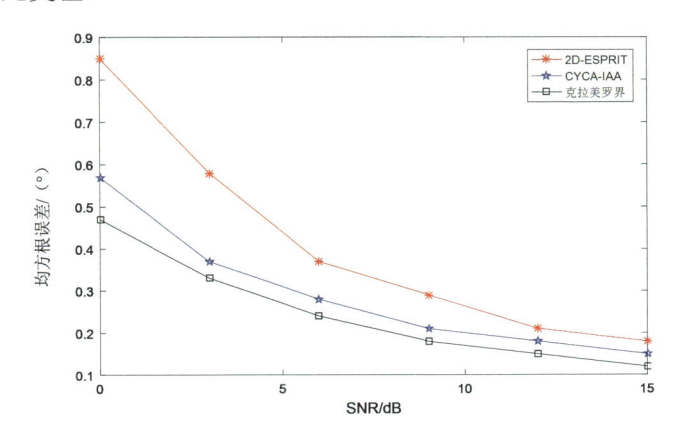

**图 8-5 算法估计均方根误差随信噪比变化对比图**

从图 8-6 可以看出，随着快拍数的增加，两种算法的估计精度也在不断升高。这是因为随着快拍数的增加，充足的样本数据可以保证构建出的样本协方差矩阵更加接近真实值的协方差矩阵，误差可以保持在一个较低的水平。但是当快拍数据较少，即短快拍条件下，信号子空间与噪声子空间开始混叠，2D ESPRIT 算法的估计精度便开始下降，而 CYCA-IAA 估计算法利用了信源在整个空域范围内的稀疏性，构建滤波器，抑制干扰和噪声，同时使用了循环迭代对滤波器进行更新优化，因此可以得到比较高的估计精度。

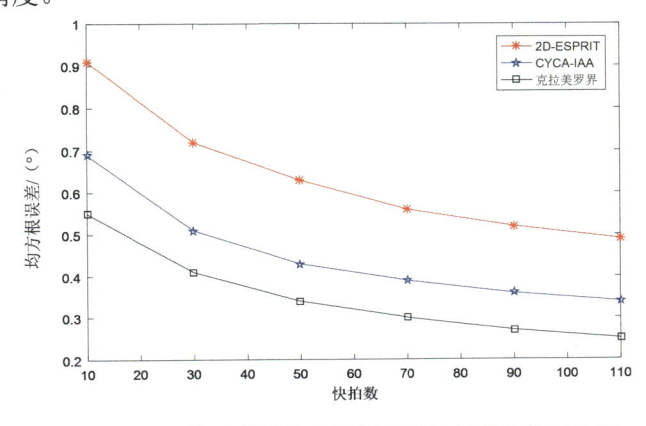

**图 8-6 算法估计均方根误差随快拍数变化对比图**

实验三：空间中设置两信源位置为(5°,20°)、(15°,35°)，观察算法的估计分辨概率变换曲线，其他实验条件不变。

当满足下式时，即表示成功分辨出空域中两个信源：

$$\max\left\{\left|\hat{\theta}_{j,1}-\theta_1\right|,\left|\hat{\theta}_{j,2}-\theta_2\right|\right\}\leqslant\left|\theta_1-\theta_2\right|/2 \tag{8-44}$$

$$\max\left\{\left|\hat{\phi}_{j,1}-\phi_1\right|,\left|\hat{\phi}_{j,2}-\phi_2\right|\right\}\leqslant\left|\phi_1-\phi_2\right|/2 \tag{8-45}$$

式中，信源真实二维波达角度为$(\theta_j,\phi_j)$；$(\hat{\theta}_{j,1},\hat{\phi}_{j,1})$、$(\hat{\theta}_{j,2},\hat{\phi}_{j,2})$分别为信源入射角度的估计值。

图 8-7 设置快拍数为 100，设置信噪比范围 0～15 dB。从图中可以看出 CYCA 估计算法在信噪比小于 6 dB 左右时，分辨概率明显高于 2D ESPRIT 算法。

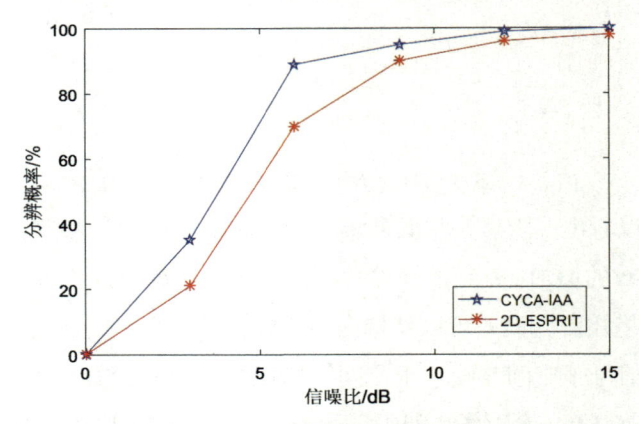

图 8-7 算法分辨概率随信噪比变化对比图

图 8-8 在设置信噪比为 10 dB 时，设置快拍数范围 0～100。从图中可以看出，当快拍数大于 40 时，CYCA-IAA 算法的分辨概率依然可以保持在一个很高的水平，由于缺少足够的样本数据，2D ESPRIT 算法的估计精度出现了下降,当快拍数下降到 20 左右，2D ESPRIT 算法由于快拍数据不足，其性能优势便发挥不出，分辨概率只有 20% 左右，无法满足工程实践需要。

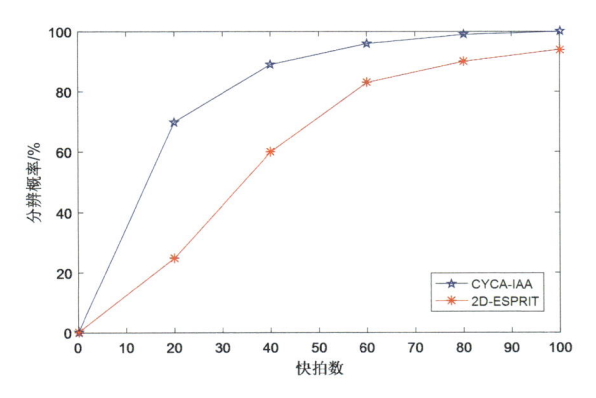

图 8-8　算法分辨概率随快拍数变化对比图

## 8.4　本章小结

本章基于欧拉旋转变换以及信源在空域的稀疏性提出了 CYCA-IAA 算法，有效解决了柱面共形阵在短快拍条件下的二维 DOA 估计问题。该算法利用欧拉旋转变换构建了柱面共形阵接收数据模型，并将其稀疏表示，联合信号协方差矩阵构建自适应滤波器，使得真实信源的角度分量无失真地通过，同时抑制了空域中其他不存在信源位置的噪声；此外，通过循环迭代更新优化滤波器的结构，抑制频谱泄露，最终获取扫描空间中所有信号源的空间谱，确定入射信号源的二维 DOA 估计值，提高了算法精度。

# 第 9 章 基于锥面共形阵的二维 DOA 估计

均匀圆阵与柱面共形阵可以保证方位角上 360° 的覆盖范围，但在俯仰方向上，会出现 180° 的模糊性。而锥面共形阵可以满足一些全空域覆盖范围的场合，如卫星通信等。研究者们针对锥面共形阵提出了很多高分辨率算法，如齐子森等人[158-159]结合 ESPRIT 算法提出的锥面共形阵 DOA 估计算法，刘帅等人[160-161]结合 MUSIC 算法提出的针对锥面共形阵的 DOA 估计算法，以上算法也不可避免地依赖大量快拍数据。基于角度分离表示的稀疏表示方法可以利用单快拍数据进行有效的二维 DOA 估计，相比传统的子空间类算法对快拍数的依赖性更低，也具有更高的估计精度和分辨能力，但该方法在低信噪比条件下的稳定性相对较低。

针对上述问题，本书利用协方差矩阵的稀疏性[162-164]，提出了基于协方差稀疏迭代的锥面共形阵 2D DOA 估计方法（2-D DOA Estimation for Cylindrical Conformal Array Antenna Based on Sparse Iterative Covariance-based Estimation Method，COCA-SPICE），该方法利用协方差拟合准则，把 DOA 估计问题转化成求解 $l_1$ 范数线性约束问题，保证了全局收敛性。在短快拍以及低信噪比的条件下，相比一般稀疏表示的方法有着更高的精度和更低的旁瓣水平。

## 9.1 锥面共形阵接收数据模型

锥面共形阵结构如图 9-1 所示。坐标原点处未设置阵元，定义 $n$ 为由下至上的圆环序号，$m$ 为每一圆环上逆时针方向的阵元序号，$d$ 为上下两阵元间的距离，$\beta$ 表示圆锥顶角的 1/2。阵元在全局直角坐标系下的坐标为

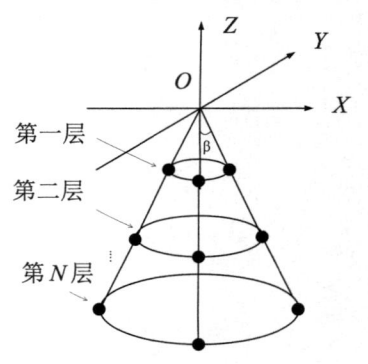

图 9-1 锥面共形阵结构示意图

第 9 章 基于锥面共形阵的二维 DOA 估计

$$\begin{cases} x_{nm} = nd \times \tan\beta \cos\left[\pi(m-1)/8\right] \\ y_{nm} = nd \times \tan\beta \sin\left[\pi(m-1)/8\right] \\ z_{nm} = -nd \end{cases} \quad (9\text{-}1)$$

欧拉旋转变换过程由 4.1 节可知，和柱面共形阵不同之处在于欧拉旋转变换的角度，这里直接给出：

$$\begin{cases} D_{nm} = \pi/(4n) + \pi(m-1)/(2n) \\ E_{nm} = \pi/2 - \beta \\ F_{nm} = 0 \end{cases} \quad (9\text{-}2)$$

假设有个 $K$ 个远场窄带信号入射到阵列上，锥面共形阵信号模型为

$$\boldsymbol{y}(t) = \boldsymbol{A}(\theta,\phi)\boldsymbol{s}(t) + \boldsymbol{n}(t) \quad (9\text{-}3)$$

式中，$\boldsymbol{A}(\theta,\phi) = \begin{bmatrix} \boldsymbol{a}(\theta_1,\phi_1) & \boldsymbol{a}(\theta_2,\phi_2) & \cdots & \boldsymbol{a}(\theta_K,\phi_K) \end{bmatrix}^{\mathrm{T}}$ 表示阵列流型矩阵，$\boldsymbol{s}(t) = (s_1(t), s_2(t), \cdots, s_K(t))^{\mathrm{T}}$，$s_k(t)$ 是第 $k$ 个信号在快拍数 $t$ 的复幅值；$\boldsymbol{n}(t) = (\boldsymbol{n}_1(t), \boldsymbol{n}_2(t), \cdots, \boldsymbol{n}_D(t))^{\mathrm{T}}$ 是零均值加性高斯白噪声，噪声功率为 $\sigma^2$。

考虑到信源在空域的稀疏性，式（9-3）可以表示为稀疏源相加的模型：

$$\boldsymbol{y}(l) = \sum_{k=1}^{K} \boldsymbol{a}(\theta_k,\phi_k) s_k(l) + \boldsymbol{e}(l), \ l = 1, 2, \cdots, L \quad (9\text{-}4)$$

式中，$L$ 是快拍数，$\boldsymbol{y}(l)$ 是阵列输出的第 $l$ 个快拍数据，$\boldsymbol{a}(\theta_k,\phi_k)$ 表示 $(\theta_k,\phi_k)$ 的方向向量，$s_k(l)$ 表示第 $k$ 个信号在快拍处 $l$ 的复幅值，$\boldsymbol{e}(l)$ 为加性高斯白噪声。

## 9.2 COCA-SPICE 算法

### 9.2.1 协方差拟合准则

相对整个空域来说，包含着大量潜在的信号源，而真实存在的信号源是稀疏的，我们用 $\boldsymbol{S}$ 表示整个空域内的信源幅值构成的矩阵，由于在假设条件下，潜在信源并不存在能量，所以非零元素对应着真实信源的位置，这里将信源的 DOA 估计问题转化成寻找 $\boldsymbol{S}$ 中非零列的位置问题：

$$\boldsymbol{S} = \begin{bmatrix} s_1(1) & s_1(2) & \cdots & s_1(N) \\ s_2(1) & s_2(2) & \cdots & s_2(N) \\ \vdots & \vdots & & \vdots \\ s_K(1) & s_K(2) & \cdots & s_K(N) \end{bmatrix} \quad (9\text{-}5)$$

这里假设在快拍数据模型中，噪声是互不相关的：

$$E[e(l)e^H(l)] = \begin{bmatrix} \sigma_1 & 0 & \cdots & 0 \\ 0 & \sigma_2 & \cdots & 0 \\ \vdots & \vdots & & \vdots \\ 0 & 0 & \cdots & \sigma_M \end{bmatrix}_{M \times M} \quad (9\text{-}6)$$

$$E[s_k(l)s_k^H(l)] = p_k \quad (9\text{-}7)$$

协方差矩阵计算如下：

$$\boldsymbol{R} = E[y(l)y^H(l)] = \sum_{k=1}^{K} p_k \boldsymbol{a}_k \boldsymbol{a}_k^H + \begin{bmatrix} \sigma_1 & 0 & \cdots & 0 \\ 0 & \sigma_2 & \cdots & 0 \\ \vdots & \vdots & & \vdots \\ 0 & 0 & \cdots & \sigma_M \end{bmatrix} =$$

$$[\boldsymbol{a}_1 \ \cdots \ \boldsymbol{a}_K \ \boldsymbol{I}] \begin{bmatrix} p_1 & 0 & \cdots & \cdots & \cdots & \cdots & 0 \\ 0 & p_2 & 0 & \cdots & \cdots & \cdots & 0 \\ \vdots & 0 & \ddots & \vdots & \vdots & \vdots & \vdots \\ 0 & \cdots & \cdots & p_K & \cdots & \cdots & 0 \\ 0 & \cdots & \cdots & \cdots & \sigma_1 & \cdots & 0 \\ \vdots & \vdots & \vdots & \vdots & \vdots & \ddots & \vdots \\ 0 & \cdots & \cdots & \cdots & \cdots & \cdots & \sigma_M \end{bmatrix} \begin{bmatrix} \boldsymbol{a}_1^H \\ \vdots \\ \boldsymbol{a}_K^H \\ \boldsymbol{I} \end{bmatrix} = \boldsymbol{A}^H \boldsymbol{P} \boldsymbol{A} \quad (9\text{-}8)$$

其中

$$\boldsymbol{A}^H = [\boldsymbol{a}_1 \ \cdots \ \boldsymbol{a}_K \ \boldsymbol{I}] \cdot [\boldsymbol{a}_1 \ \cdots \ \boldsymbol{a}_K \ \boldsymbol{a}_{K+1} \ \cdots \ \boldsymbol{a}_{K+N}] \quad (9\text{-}9)$$

$$\boldsymbol{P} = \begin{bmatrix} p_1 & 0 & \cdots & \cdots & \cdots & \cdots & 0 \\ 0 & p_2 & 0 & \cdots & \cdots & \cdots & 0 \\ \vdots & 0 & \ddots & \vdots & \vdots & \vdots & \vdots \\ 0 & \cdots & \cdots & p_K & \cdots & \cdots & 0 \\ 0 & \cdots & \cdots & \cdots & \sigma_1 & \cdots & 0 \\ \vdots & \vdots & \vdots & \vdots & \vdots & \ddots & \vdots \\ 0 & \cdots & \cdots & \cdots & \cdots & \cdots & \sigma_M \end{bmatrix} \cdot \begin{bmatrix} p_1 & 0 & \cdots & \cdots & \cdots & \cdots & 0 \\ 0 & p_2 & 0 & \cdots & \cdots & \cdots & 0 \\ \vdots & 0 & \ddots & \vdots & \vdots & \vdots & \vdots \\ 0 & \cdots & \cdots & p_K & \cdots & \cdots & 0 \\ 0 & \cdots & \cdots & \cdots & p_{K+1} & \cdots & 0 \\ \vdots & \vdots & \vdots & \vdots & \vdots & \ddots & \vdots \\ 0 & \cdots & \cdots & \cdots & \cdots & \cdots & p_{K+M} \end{bmatrix} \quad (9\text{-}10)$$

从上式可以看出，$\boldsymbol{P}$ 中只有少量对角线元素不为 0，这些非零元素即为我们需要找到的信源位置，由此可以确定信源 DOA 估计值。

为求 $\boldsymbol{S}$ 的估计值，应用 $l_1$ 范数最小化准则，求解下式约束最小化问题：

$$\min_{\boldsymbol{S}} \sum_{k=1}^{K} \|\boldsymbol{s}_k\|, \text{s.t.} \|\boldsymbol{Y} - \boldsymbol{B}^{\mathrm{H}}\boldsymbol{S}\| \leqslant \eta \tag{9-11}$$

式中，$\|\cdot\|$ 表示向量的欧几里得范数，$\eta$ 是事先选择好的用户参数。但是求解上式存在两点问题，一是该模型仅考虑无噪声的情况，而实际应用中需要考虑噪声的存在；二是如何选择用户参数 $\eta$ 的问题。

针对上述问题，文献[165-167]对协方差矩阵的理论值进行估计，当 $N>M$ 时，

$$f = \left\|\boldsymbol{R}^{-1/2}(\hat{\boldsymbol{R}} - \boldsymbol{R})\hat{\boldsymbol{R}}^{1/2}\right\|^2 = \text{tr}(\hat{\boldsymbol{R}}^{1/2}\boldsymbol{R}^{-1}\hat{\boldsymbol{R}}^{1/2}) + \text{tr}(\hat{\boldsymbol{R}}^{-1}\boldsymbol{R}) - 2M \tag{9-12}$$

当 $N<M$ 时，信号的协方差矩阵 $\hat{\boldsymbol{R}}$ 是奇异的，$\hat{\boldsymbol{R}}^{-1}$ 不存在，此时：

$$f = \left\|\boldsymbol{R}^{-1/2}(\boldsymbol{y}\boldsymbol{y}^H - \boldsymbol{R})\right\|^2 \tag{9-13}$$

式中，$\hat{\boldsymbol{R}} = \dfrac{\boldsymbol{Y}^H \boldsymbol{Y}}{M}$。

### 9.2.2 算法描述

考虑到短快拍的环境，目标函数为

$$f = \left\|\boldsymbol{R}^{-1/2}(\boldsymbol{y}\boldsymbol{y}^H - \boldsymbol{R})\right\|^2 \tag{9-14}$$

计算式（9-14）可以得到：

$$\begin{aligned}f &= \text{tr}[(\boldsymbol{I} - \boldsymbol{y}\boldsymbol{y}^H \boldsymbol{R}^{-1})(\boldsymbol{R} - \boldsymbol{y}\boldsymbol{y}^H)] \\ &= \|\boldsymbol{y}\|^2 \boldsymbol{y}^H \boldsymbol{R}^{-1} \boldsymbol{y} - 2\|\boldsymbol{y}\|^2 + \text{tr}(\boldsymbol{R})\end{aligned} \tag{9-15}$$

其中，

$$\text{tr}(\boldsymbol{R}) = E(\|\boldsymbol{y}\|^2) = \sum_{k=1}^{K+M} p_k \|\boldsymbol{a}_k\|^2 \tag{9-16}$$

式（9-15）、（9-16）与最小化下式是等价的：

$$g = \boldsymbol{y}^H \boldsymbol{R}^{-1} \boldsymbol{y} + \sum_{k=1}^{K+M} w_k p_k; w_k = \dfrac{\|\boldsymbol{a}_k\|^2}{\|\boldsymbol{y}\|^2} \tag{9-17}$$

此时可以把 $p_k$ 的估计转化成为一个凸优化问题，因此拥有唯一的全局最优解。

由于 $\|\boldsymbol{y}\|^2$ 是 $\sum_{k=1}^{K+M} p_k \|\boldsymbol{a}_k\|^2$ 的一致无偏估计，因此式（9-16）转化成式（9-17）中的线性约束最小化问题来得到 $\{p_k\}$：

$$\min_{\{p_k \geqslant 0\}} y^H R^{-1} y, \text{s.t.} \sum_{k=1}^{K+M} w_k p_k = 1 \tag{9-18}$$

求解式（9-18），得

$$\min_{Q} \text{tr}(Q^H P^{-1} Q), \text{s.t.} Q^H A = I_{M \times M} \tag{9-19}$$

这里我们利用拉格朗日乘子法求解式（9-19），有

$$J(Q, L) = \text{tr}(Q^H P^{-1} Q) + \text{tr}(L^H (I - Q^H A)) \tag{9-20}$$

$L$ 为拉格朗日乘数矩阵，求式（9-20）的梯度可得联立方程：

$$\frac{\partial J(Q, L)}{\partial Q} = P^{-1} Q - A L^H \Rightarrow Q = P A L^H \tag{9-21}$$

$$\frac{\partial J(Q, L)}{\partial L^H} = I - Q^H A \tag{9-22}$$

联立求得

$$L = (A^H P^H A)^{-1} = R^{-1} \tag{9-23}$$

代入式（9-22），可得

$$Q = P A R^{-1} \tag{9-24}$$

式（9-19）的约束最小化问题可以变为

$$\text{tr}(y^H Q^H P^{-1} Q y) = \text{tr}(y^H R^{-1} y) \tag{9-25}$$

这里表明了对 $Q$、$P$ 的循环最小化可以使求解过程快速收敛，求解过程如下：

构造一中间变量 $B$：

$$B(i) = Q(i) y = P(i) A R^{-1}(i) y = \begin{bmatrix} b_1 \\ b_2 \\ \vdots \\ b_{K+M} \end{bmatrix} \tag{9-26}$$

$$b_k = p_k a_k^H R^{-1} y \tag{9-27}$$

式（9-25）所示的等价目标函数转化为

$$h = \text{tr}(y^H Q^H(i) P^{-1}(i) Q(i) y) = \text{tr}(B^H(i) P^{-1}(i) B(i)) = \\ \text{tr}(P^{-1}(i) B(i) B^H(i)) = \sum_{k=1}^{K+M} \frac{|b_k(i)|^2}{p_k} = \sum_{k=1}^{K+M} p_k \left| a_k^H R^{-1}(i) y \right|^2 \tag{9-28}$$

经过整理简化，式（9-28）为式（9-25）的等价目标函数，依据约束条件，通过

构造柯西-施瓦茨不等式来获取 $h$ 的最小值：

$$\left[\sum_{k=1}^{K+M} w_k^{1/2}|b_k(i)|\right]^2 = \left[\sum_{k=1}^{K+M} \frac{|b_k(i)|}{p_k^{1/2}} w_k^{1/2} p_k^{1/2}\right]^2 \leqslant \\ \left[\sum_{k=1}^{K+M}\left(\frac{|b_k(i)|}{p_k^{1/2}}\right)^2\right] \cdot \left[\sum_{k=1}^{K+M}(w_k^{1/2} p_k^{1/2})^2\right] = \left[\sum_{k=1}^{K+M} \frac{|b_k(i)|^2}{p_k}\right] \quad (9-29)$$

综上可得到 $p_k(i+1)$ 的闭式解：

$$p_k(i+1) = \frac{|\beta_k(i)|}{w_k^{1/2} \sum_{l=1}^{K+M} w_l^{1/2}|\beta_l(i)|} \quad (9-30)$$

把式（9-27）代入（9-30）得到更新 $p_k$ 的方式：

$$p_k(i+1) = p_k(i) \frac{|a_k^H \boldsymbol{R}^{-1}(i) \boldsymbol{y}|}{w_k^{1/2} \rho(i)} \quad (9-31)$$

$$\rho(i) = \sum_{l=1}^{K+M} w_l^{1/2} p_l(i) |a_l^H \boldsymbol{R}^{-1}(i) \boldsymbol{y}| \quad (9-32)$$

对于任意的初始值 $\{p_k^{(0)} > 0\}$，循环运算的结果都将全局收敛于一个最优解。

### 9.2.3 算法流程总结

算法流程总结如下：

第一步：初始化。

$$p_k^{(0)} = \frac{|a_k^H \boldsymbol{y}|^2}{\|a_k\|^4}, k=1,2,\cdots,K+M$$

第二步：计算协方差矩阵。

$$\boldsymbol{R} = \sum_{k=1}^{K+M} p_k a_k a_k^H$$

第三步：更新信源能量。

（1）$\boldsymbol{z} = \boldsymbol{R}^{-1} \boldsymbol{y}$；

（2）$w_k^{1/2} = \|a_k\|/\|\boldsymbol{y}\|, k=1,2,\cdots,K+M$；

（3）$r_k = |a_k^H \boldsymbol{z}|, k=1,2,\cdots,K+M$；

（4） $\rho = \sum_{l=1}^{K+M} w_l^{1/2} p_l r_l$ ；

（5） $p_k \leftarrow p_k r_k / w_k^{1/2} \rho, k = 1,2,\cdots,K+M$ 。

循环算法收敛后，能量谱中谱峰对应的方位角和俯仰角即为入射信源的二维 DOA 估计值。

## 9.3 仿真实验及分析

本节实验对比基于角度分离表示的稀疏表示方法[130]（记为 SP）、基于四元数 MUSIC 的算法[162]展开，为不失一般性，设置锥面共形阵，具体参数：$\beta=20°$，圆环个数为 3，每个圆环均匀分布 8 个阵元，圆锥底面半径为 $3\lambda$，阵元方向图设置参考 4.3 节，每组实验结果均由 200 次蒙特卡洛实验产生。

实验一：验证单快拍条件下 COCA-SPICE 算法的二维 DOA 估计性能。空域中存在 3 个远场、窄带、独立信源，入射角度分别为 (52°,56°)、(56°,54°) 和 (58°,51°)，设置采样间隔为 0.5°，对空域 [50°,60°] 范围内的方位角和俯仰角进行采样；设置信噪为 10 dB，快拍数为 1，谱峰图的 $x$ 轴对应方位角，$y$ 轴对应俯仰角。

从图 9-1 中，COCA-SPICE 算法和 SP 算法在快拍数为 1 的条件下能够分辨出三个信源，谱峰位置也对应了真实信源的入射波达二维角度，谱峰也比较尖锐清晰，而 COCA-SPICE 算法的旁瓣水要略低于 SP 算法，说明与入射信源无关的噪声和能量被进一步抑制，表明了 COCA-SPICE 算法在单快拍条件下良好的 DOA 估计能力。而基于四元数的 MUSIC 算法在单快拍条件下已经失效，无法在谱估计结果中分辨出真实信源及其入射二维波达角度。

实验二：本组实验观察 COCA-SPICE 算法与 COCA-IAA 算法的估计均方根误差随信噪比、快拍数的变化曲线。设第 $n$ 次实验估计出的角度为 $\hat{\theta}_{k,n}$、$\hat{\phi}_{k,n}$，这里定义均方根误差为

$$RMSE = \sqrt{\frac{1}{K}\frac{1}{N}\sum_{1}^{K}\sum_{1}^{N}\left((\hat{\theta}_{k,n}-\theta_k)^2 + (\hat{\phi}_{k,n}-\phi_k)^2\right)} \qquad (9\text{-}33)$$

第 9 章 基于锥面共形阵的二维 DOA 估计

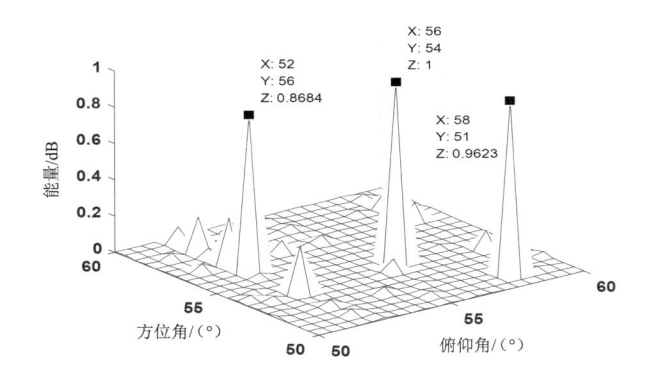

（a）SP 算法

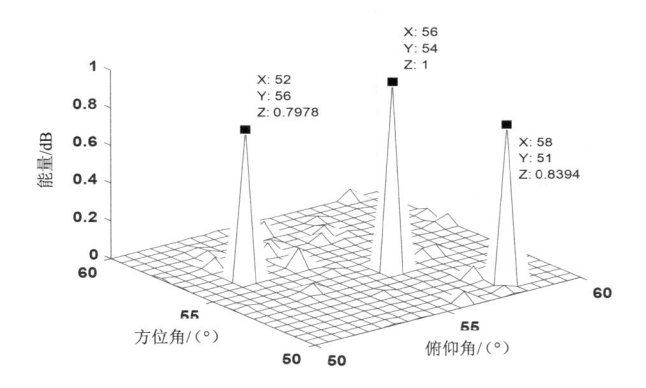

（b）COCA-SPICE 算法

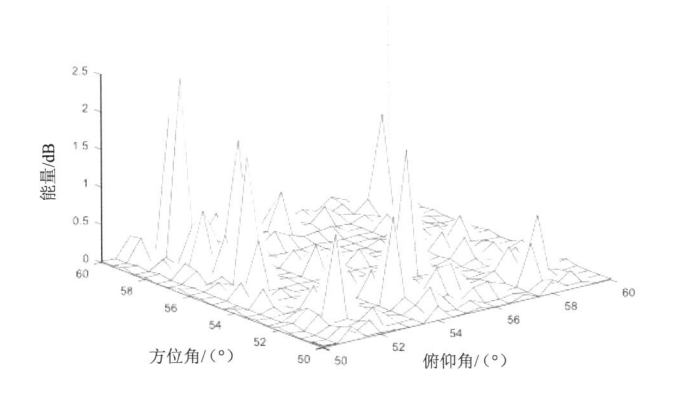

（b）四元数 MUSIC 算法

**图 9-1 单快拍条件下的空间谱**

实验设置快拍数为 100，信噪比变化范围 [−10 dB, 15 dB]，结果如图 9-2 所示。

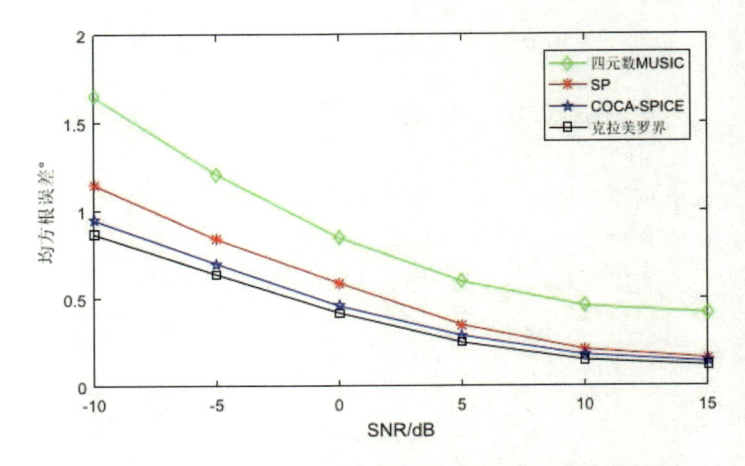

图 9-2　算法估计均方根误差随信噪比变化对比图

从图 9-2 可以看出，三种算法的估计均方根误差随着信噪比的增加而减小，SP 算法、COCA-SPICE 算法的估计精度明显优于四元数 MUSIC 算法,当信噪比大于 0 dB 时，SP 算法的估计性能逐渐接近 COCA-SPICE 算法；而在信噪比小于 0 dB 时，由于 COCA-IAA 算法的稳定性要差，因此估计误差相比 COCA-SPICE 算法要大，COCA-SPICE 算法在低信噪比下的优势更明显。

实验设置信噪比为 10 dB，图 9-3 给出了三种算法估计均方根误差随快拍数变化对比图，在同样快拍数条件下，COCA-SPICE 算法的估计的均方根误差要小于其他两种算法，并且随快拍数的增加更趋近于克拉美罗界。这是因为所提算法利用协方差拟合准则，把 DOA 估计问题转化成求解 $l_1$ 范数线性约束问题，保证了全局收敛性，而 SP 算法存在额外的匹配过程,因此误差相对较大,但估计精度依旧优于四元数 MUSIC 算法。

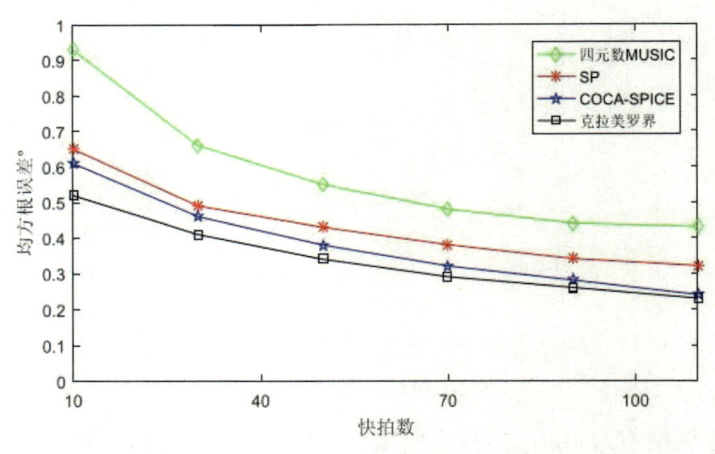

图 9-3　算法估计均方根误差随快拍数变化对比图

实验三：本组实验设置两个相临信源(5°,20°)、(15°,35°)。

定义当满足下式时，即表示成功分辨出空域中两个信源：

$$\max\{|\hat{\theta}_{j,1}-\theta_1|,|\hat{\theta}_{j,2}-\theta_2|\}\leqslant|\theta_1-\theta_2|/2 \tag{9-34}$$

$$\max\{|\hat{\phi}_{j,1}-\phi_1|,|\hat{\phi}_{j,2}-\phi_2|\}\leqslant|\phi_1-\phi_2|/2 \tag{9-35}$$

式中，$(\theta_j,\phi_j)$ 指信号源真实的入射角度；$(\hat{\theta}_{j,1},\hat{\phi}_{j,1})$、$(\hat{\theta}_{j,2},\hat{\phi}_{j,2})$ 分别表示方位角和俯仰角的估计值。

设置快拍数为 100，信噪比设置变化范围 [−10 dB,15 dB]，观察三种算法分辨概率随信噪比变化曲线。从图 9-4 可以看出，当信噪比大于 10 dB 时，三种算法的分辨概率基本都达到了 100%。而当信噪比小于 0 dB 时，SP 算法、四元数 MUSIC 算法的频谱泄露开始增大，分辨能力下降。COCA-SPICE 算法对协方差矩阵的稀疏表示模型中已经包含了噪声项，并且通过凸优化算法得到了全局最优解，所以在低信噪比条件下依然具有较高的估计精度。

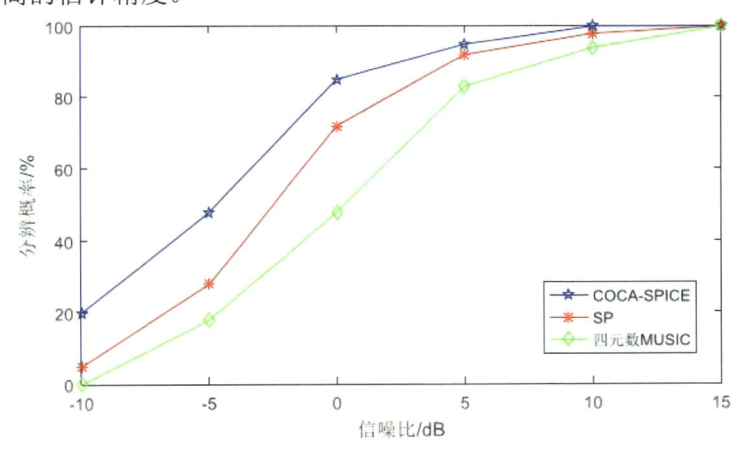

**图 9-4　算法分辨概率随信噪比变化对比图**

设置信噪比为 10 dB，观察 DOA 分辨概率随快拍数的变化曲线。从图 9-5 可以看出，SP 算法和 COCA-SPICE 算法的分辨率性能均优于四元数 MUSIC 算法，这是因为快拍数的降低等效降低了信噪比，而 MUSIC 算法受噪声干扰的影响比较大。COCA-SPICE 算法和 COCA-IAA 算法的性能比较接近，在相同快拍数的实验条件下，本章所提算法要略优于 SP 算法。

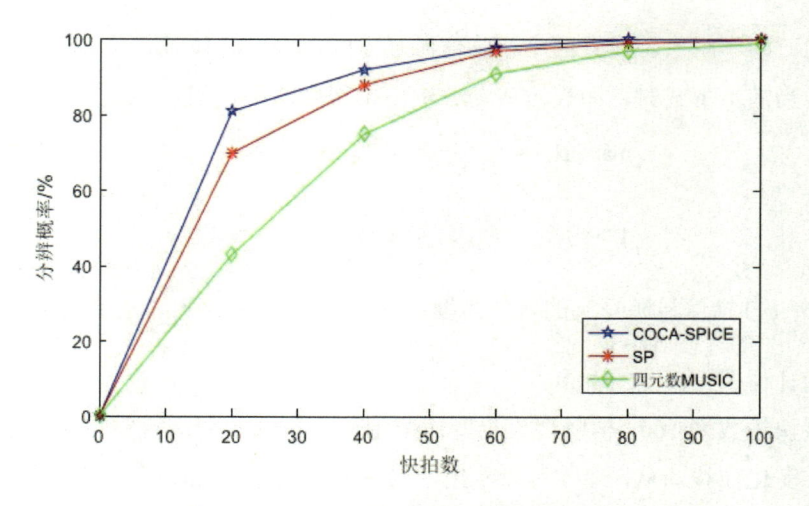

图 9-5　算法分辨概率随快拍数变化对比图

## 9.4 本章小结

本章从锥面共形阵的角度出发,并基于协方差矩阵稀疏求解提出了 COCA-SPICE 算法,对比角度分离表示的稀疏表示方法、基于四元数的 MUSIC 算法进行了仿真实验。结果表明 COCA-SPICE 算法在估计精度、分辨能力、对噪声的抑制等方面优于其他两种算法。这是因为该算法充分利用了协方差矩阵的稀疏性,把协方差拟合问题转化为 $l_1$ 范数线性约束优化问题,从而提高算法对低信噪比环境下的适应性,同时用循环最小化方法求解 $l_1$ 范数优化问题,这样既保证了求解结果的全局最优,又进一步降低了计算负担。

# 第10章 总结与展望

本书以城市无人机自主导航为应用背景,以制约城市无人机自主飞行的视觉目标检测与跟踪、红外小目标识别以及无线定位技术为研究内容,以期提高城市无人机目标探测识别能力和自主定位能力,提升目标检测跟踪的速度和可靠性,降低算法复杂度,提升城市无人机自主定位的精度和可靠性,为城市无人机的发展和应用提供相关技术参考和借鉴,丰富和发展定位与目标识别相关理论。主要工作包括:

1.基于判别式相关滤波的视觉目标跟踪研究

(1)融合多层深度特征的判别式相关滤波跟踪。针对采用深度特征的判别式相关滤波(Discriminative Correlation Filter,DCF)跟踪,存在的特征维度较高、计算过程复杂的问题,提出了一种新的基于DCF的多特征融合框架。在训练阶段,以上一帧的目标位置和大小为基准,分别提取图像灰度、HOG、CN等手工特征,以及由VGG网络所提取的多层深度特征,之后进行深度特征降采样,并按一定比率对深度特征通道进行压缩,降低深度特征通道数目,并针对不同特征分别训练滤波器。在跟踪阶段,进行多尺度的目标特征提取,与传统多特征融合方法不同,这里仅在多尺度层上提取手工特征,在上一帧的尺度上提取多层深度特征。将单一尺度深度特征的跟踪结果分别与多尺度手工特征的跟踪结果进行叠加。将上述特征融合框架与LADCF算法相结合,提出了多特征融合的LADCF算法,由于对深度特征进行了下采样和通道压缩,同时仅在一个尺度层上提取深度特征,该特征融合机制可有效降低算法的计算复杂度。

(2)融合深度信息的长期目标跟踪框架。针对传统判别式相关滤波(DCF)视觉目标跟踪算法存在的精度速度不平衡和遮挡时容易丢失目标的问题,本书将目标深度信息融入DCF框架,设计了一种基于深度-DCF(D-DCF)长期目标跟踪框架。主要改进包括:①采用激光测距仪量测当前帧目标深度信息,而后基于恒定加速度(Constant Acceleration,CA)模型,预测下一帧目标深度;②利用预测深度构建目标位置置信度判别式,判断是否更新目标和修正预测位置,提高跟踪准确性;③引入基于预测深度的自适应尺度因子,降低尺度滤波层级,提高尺度精确性和算法实时性。

2.视觉目标检测算法研究

(1)基于MobileNet V2和SSD快速目标检测算法及跟踪系统设计。针对传统

SSD 算法计算复杂度高、训练困难问题，以基于回归卷积神经网络的目标检测方法 SSD 为基础，通过采用 MobileNet V2 作为骨干网，采用迁移学习训练检测网络，提升检测速度。同时设计了跟踪系统，将 MobileNet V2-SSD 应用于实际的跟踪系统，实现了目标的快速跟踪。

（2）基于区域建议的块图像红外小目标检测。针对 IPI 模型存在的计算复杂度和虚警率高的问题，提出了一个两阶段的基于矩阵低秩和稀疏分解的红外小目标检测算法。为了能够目标从背景分离出来，同时降低分解矩阵的尺寸，在第一阶段，利用局部对比度来提取候选目标区域。局部对比度的计算考虑了目标、背景和噪声的先验信息。为了平滑背景信息，在第二阶段，引入 WNN 估计稀疏数据。由于在候选目标块图像提取后，噪声被滤除，被恢复图像的主要信息属于小目标，从而虚警率较低。大量实验结果表明，RPPI 模型要优于许多典型红外目标检测算法。此外，在相似甚至更优检测性能的情况下，RPPI 模型的速度比 IPI 模型快得多，这表明候选目标提取是有效的，不仅可以在 RPPI 模型中应用，还可以在其他基于矩阵低秩和稀疏恢复算法中应用。

3.短快拍条件下共形阵列的 DOA 估计算法

（1）DOA 估计理论基础。阐述了 DOA 估计的基础理论，以均匀线阵接收远场窄带信号的信号模型为例，重点介绍了 DOA 估计理论所涉及的基础知识以及在 DOA 估计发展中的三种经典 DOA 估计算法，阐述信号模型和阵列接收信号模型。最后以 MUSIC 算法为例，对 DOA 估计中所涉及的三种变量因素，即阵元数、快拍数、信噪比对 DOA 估计算法的影响作分析总结。基于理论推导，阐明了短快拍条件下应用解相干算法解决 DOA 估计问题的可能性。

（2）基于均匀圆阵的二维 DOA 估计。针对均匀圆阵二维 DOA 估计，基于加权最小二乘法和循环迭代技术提出了 UCA-IAA 算法。该算法构造了加权最小二乘法的代价函数，引入循环迭代技术对估计结果进行更新，所提算法利用上一次迭代获取的空间谱对角阵来估计信号的协方差矩阵，然后对构建出的信号协方差矩阵进行求逆，结果作为加权矩阵代入加权最小二乘法求解，最后更新能量谱并进入下一次循环迭代，直至迭代收敛。通过仿真实验将所提算法与经典的 UCA-MUSIC 及 UCA-ESPRIT 算法在估计精度、分辨概率等方面的性能进行对比，表明了 UCA-IAA 算法在短快拍条件下优越的估计性能。

（3）基于柱面共形阵的二维 DOA 估计。针对柱面共形阵二维 DOA 估计，基于欧拉旋转变换和自适应滤波技术提出了 CYCA-IAA 算法。该算法给出了柱面共形阵接收远场窄带信号的数据模型，在此基础上利用欧拉旋转变换的方法实现了导向矢量建模，然后通过对感兴趣空域范围内的方位角和俯仰角进行过采样构造基矩阵，通过稀疏变换，把二维 DOA 估计问题转化为寻找信源矢量中非零元素的位置问题。引入循环算法对自适应滤波器的结构进行更新；最后迭代收敛，谱峰对应的方位角、俯仰角角度对即为信源入射的二维 DOA 估计值。CYCA-IAA 算法在短快拍条件下，相比子空间算法的估计精度更高。

（4）基于锥面共形阵的二维 DOA 估计。针对锥面共形阵二维 DOA 估计问题，基于协方差稀疏迭代的思想提出了 COCA-SPICE 算法。算法给出了锥面共形阵接收窄带远场的数据模型，然后构建协方差矩阵的稀疏表示模型，把协方差拟合问题转化为 $l_1$ 范数线性约束的优化问题，并利用循环最小化算法对凸优化问题进行求解，使得估计结果拥有唯一的全局最优解。对比四元数 MUSIC 算法和角度分离稀疏表示的方法，验证了所提算法在相同实验条件下的估计精度。

本书内容是对作者多年研究工作的总结，在研究过程中针对无线定位和视觉目标识别技术进行了研究，取得了一定效果，但仍存在许多问题和不足，还需要在以下几个方面作进一步研究：

（1）融合深度信息的长期目标跟踪框架运动模型比较简单，仅考虑了模型的状态转移过程，未能充分论证在长时间遮挡时运动模型的变化，在下一步研究中重点考虑更加复杂的运动学模型，并增加滤波环节。

（2）目标检测算法的深度不够。采用 MobileNet+SSD 的架构进行目标检测，是在原有框架基础上的改进：将原 SSD 骨干网替换为 MobileNet V2 网络，将原 SSD 算法中传统卷积改进为深度可分离卷积。改进后虽然算法运算速度得到一定提升，但算法深度扩展不够，没有针对具体的目标进行进一步的适配和训练。在下一步研究中，扩充测试数据集，并增加对最新目标检测算法的对比和分析，如 YOLO V3、YOLO V4 等。

（3）共形阵列的短快拍 DOA 估计算法计算复杂度高，应用范围未考虑复杂实验环境。由于 CYCA-IAA 算法需要对整个空域进行网格扫描，对所有角度分量进行采样，这部分会增加算法的计算负担，随着快拍数的减少，算法迭代的次数也会增加，计算量增大。算法有待进一步改进。实验仿真均基于 MATLAB 平台，没有经过硬件实验的考察，所做前提与假设均是基于理想条件，实际上很多共形阵的构成复杂，阵元之间也存在互耦效应，下一步应考虑更复杂的实验环境。算法依据的仿真环境针对远场窄带信号，近场、宽带的应用环境有待进一步研究。

# 参 考 文 献

[1] FELZENSZWALB P F, GIRSHICK R B, MCALLESTER D, et al. Object detection with discriminatively trained part-based models[J]. IEEE Transactions on Pattern Analysis and Machine Intelligence, 2010, 32(9): 1627-1645.

[2] GIRSHICK R, DONAHUE J, DARRELL T, et al. Rich feature hierarchies for accurate object detection and semantic segmentation[C]// 2014 IEEE Conference on Computer Vision and Pattern Recognition. Columbus: IEEE, 2014.

[3] HE K M, Zhang X Y, Ren S Q, et al. Spatial pyramid pooling in deep convolutional networks for visual recognition[J]. IEEE Transactions on Pattern Analysis and Machine Intelligence, 2014, 37(9): 1904-1916.

[4] GIRSHICK R. Fast R-CNN[C]// 2015 IEEE Conference on Computer Vision. Santiago: IEEE, 2015.

[5] Ren S Q, HE K M, GIRSHICK R, et al. Faster R-CNN: towards real-time object detection with region proposal networks[J]. IEEE Transactions on Pattern Analysis and Machine Intelligence, 2016, 39(6): 1137-1149.

[6] REDMON J, DIVVALA S, GIRSHICK R, et al. You only look once: unified, real-time object detection[C]// 2016 IEEE Conference on Computer Vision and Pattern Recognition. Las Vegas: IEEE, 2016.

[7] REDMON J, FARHADI A. YOLO9000: better, faster, stronger[C]// 2017 IEEE Conference on Computer Vision and Pattern Recognition. Honolulu: IEEE, 2017

[8] LIU W, ANGUELOV D, ERHAN D, et al. SSD: single shot multibox detector[C]// 2016 European Conference on Computer Vision. Amsterdam: EACV, 2016.

[9] COMANICIU D, MEER R. Mean shift analysis and applications[C]// Proceedings of the Seventh IEEE International Conference on Computer Vision. Kerkyra: IEEE, 1999.

[10] COMANICIU D, RAMESH V, MEER P, et al. Kernel-based object tracking[J]. IEEE Transactions on Pattern Analysis and Machine Intelligence, 2003, 25(5): 564-577.

[11] COLLINS R T. Mean-shift blob tracking through scale space[C]// 2003 IEEE Computer Society Conference on Computer Vision and Pattern Recognition. Madison:

IEEE, 2003.

[12] ZIVKOVIC Z, CEMGIL A T, KRSE B. Approximate Bayesian methods for kernel-based object tracking[J]. Computer Vision and Image Understanding, 2009, 113: 743-749.

[13] NING J, ZHANG L, ZHANG D, et al. Scale and orientation adaptive mean shift tracking[J]. IET Computer Vision, 2012, 6(1): 52-61.

[14] NING J, ZHANG L, ZHANG D, et al. Robust mean-shift tracking with corrected background-weighted histogram[J]. IET Computer Vision, 2012, 6(1): 62-69.

[15] VOJIR T, NOSKOVA J, MATAS J. Robust scale-adaptive mean-shift for tracking[J]. Pattern Recognition Letters, 2014, 49(1): 250-258.

[16] ISARD M, BLAKE A. Condensation-conditional density propagation for visual tracking[J]. International Journal of Computer Vision, 1998, 29(1): 5-28.

[17] NUMMIARO K, KOLLER-MEIER, E, VAN GOOL L, et al. An adaptive color-based particle filter[J]. Image and Vision Computing, 2003, 21(1): 99-110.

[18] 王欢，任杨. 一种基 SMOG 模型的红外目标跟踪新算法[J]. 红外与毫米波学报，2008，27（4）：252-256.

[19] ROSS D A, LIM J, LIN R S, et al. Incremental learning for robust visual tracking[J]. International Journal of Computer Vision, 2008, 77(1/2/3): 125-141.

[20] KRISTAN M, PERS J, KOVACIC S, et al. A local-motion-based probabilistic model for visual tracking[J]. Pattern Recognition, 2009, 42(9): 2160-2168.

[21] MEI X, LING H. Robust visual tracking and vehicle classification via sparse representation[J]. IEEE Transactions on Pattern Analysis and Machine Intelligence, 2011, 33(11): 2259-2272.

[22] MEI X, LING H. Robust visual tracking using $L_1$ minimization[C]// 2009 IEEE 12th International Conference on Computer Vision. Kyoto: IEEE, 2009.

[23] MEI X, LING H, WU Y, et al. Efficient minimum error bounded particle resampling $L_1$ tracker with occlusion detection[J]. IEEE Transactions on Image Processing, 2013, 22(7): 2661-2675.

[24] ZHANG T Z, GHANEM B, LIU S, et al. Robust visual tracking via structured multi-task sparse learning[J]. International Journal of Computer Vision, 2013, 101: 367-383.

[25] ZHANG T Z, GHANEM B, LIU S, et al. Low-rank sparse learning for robust visual tracking[C]// Computer Vision-ECCV 2012. Berlin: Springer, 2012: 470-484.

[26] BAO C L, WU Y, LING H B, et al. Real time robust $L_1$ tracker using accelerated proximal gradient approach[C]// 2012 IEEE Conference on Computer Vision and Pattern Recognition. Providence: IEEE, 2012.

[27] LIU B Y, HUANG J Z, YANG L, et al. Robust tracking using local sparse appearance model and k-selection[J]. 2011 IEEE Conference on Computer Vision and Pattern Recognition. Colorado Springs: IEEE, 2011.

[28] LIU B Y, HUANG J Z, KULIKOWSKI C, et al. Robust visual tracking using local sparse appearance model and k-selection[J]. IEEE Transactions on Pattern Analysis and Machine Intelligence, 2013, 35(12): 2968-2981.

[29] Wang D, LU H C, YANG M H. Online object tracking with sparse prototypes[J]. IEEE Transactions on Image Processing, 2013, 22(1): 314-325.

[30] ZHANG T Z, LIU S, AHUJA N, et al. Robust visual tracking via consistent low rank sparse learning[J]. International Journal of Computer Vision, 2015, 111: 171-190.

[31] KALA Z, MIKOLAJCZYK K, MATAS J. Tracking-Learning-Detection[J]. IEEE Transactions on Pattern Analysis and Machine Intelligence, 2011, 34(7): 1409-1422.

[32] HARE S, SAFFARI A, TORR P H. Struck: structured output tracking with kernels[C]// 2011 International Conference on Computer Vision. Barcelona: IEEE, 2011.

[33] BABENKO B, YANG M H, BELONGIE S. Robust object tracking with online multiple instance learning[J]. IEEE Transactions on Pattern Analysis and Machine Intelligence, 2011, 33(8): 1619-1632.

[34] BABENKO B, YANG M H, BELONGIE S. Visual tracking with online multiple instance learning[C]// 2009 IEEE Conference on Computer Vision and Pattern Recognition. Miami: IEEE, 2009.

[35] BOLME D S, BEVERIDGE J R, DRAPER B A, et al. Visual object tracking using adaptive correlation filters[C]// 2010 IEEE Computer Society Conference on Computer Vision and Pattern Recognition. San Francisco: IEEE, 2010.

[36] HENRIQUES J F, CASEIROR, MARTINS P, et al. Exploiting the circulant structure of tracking-by-detection with kernels[C]// Computer Vision-ECCV 2012. Berlin:

Springer, 2012: 702-715.

[37] HENRIQUES J F, CASEIRO R, MARTINS P, et al. High speed tracking with kernelized correlation filters[J]. IEEE Transactions on Pattern Analysis and Machine Intelligence, 2015: 37(3):583-596.

[38] DANELLJAN M, HAGER G, KHAN F, et al. Accurate scale estimation for robust visual tracking[C]// 2014 British Machine Vision Conference. Nottingham: BMVA, 2014.

[39] M Danelljan, G Hager, F Khan, et al. Discriminative scale space tracking[J]. IEEE Transactions on Pattern Analysis and Machine Intelligence, 2017, 39(8): 1561-1575.

[40] LI Y, ZHU J K. A scale adaptive kernel correlation filter tracker with feature integration[C]// 2014 European Conference on Computer Vision. Zurich: EACV, 2014.

[41] GALOOGAHI H K, SIM T, LUCEY S. Multi-channel correlation filters[C]// 2013 IEEE International Conference on Computer Vision. Sydney: IEEE, 2013.

[42] DANELLJAN M, KHAN F S, FELSBERG M, et al. Adaptive color attributes for real-time visual tracking[C]// 2014 IEEE Conference on Computer Vision and Pattern Recognition. Columbus: IEEE, 2014.

[43] GALOOGAHI H K, SIM T, LUCEY S. Correlation filters with limited boundaries[C]// 2015 IEEE Conference on Computer Vision and Pattern Recognition. Boston: IEEE, 2015.

[44] BERTINETTO L, VALMADRE J, GOLODETZ S, et al. Staple: complementary learners for real-time tracking[C]// 2016 IEEE Conference on Computer Vision and Pattern Recognition. Las Vegas: IEEE, 2016.

[45] Z Xu, Y Li, J Zhu. An improved STABLE tracker with multiple feature integration[C]// VOT 2016 Challenge, 2016.

[46] MUELLER M, SMITH N, GHANEM B. Context-aware correlation filter tracking[C]// 2017 IEEE Conference on Computer Vision and Pattern Recognition. Honolulu: IEEE, 2017.

[47] DANELLJAN M, HAGER G, KHAN F S, et al. Learning spatially regularized correlation filters for visual tracking[C]// 2015 IEEE International Conference on Computer Vision. Santiago: IEEE, 2015.

[48] ALAN L, VOJIR T, LUKA C, et al. Discriminative correlation filter with channel and

spatial reliability[C]// 2017 IEEE Conference on Computer Vision and Pattern Recognition. Honolulu: IEEE, 2017.

[49] DANELLJAN M, ROBINSON A, KHAN F S, et al. Beyond correlation filters: learning continuous convolution operators for visual tracking[C]// European Conference on Computer Vision. Amsterdam: EACV, 2016.

[50] DANELLJAN M, BHAT G, KHAN F S, et al. ECO: efficient convolution operators for tracking[C]// 2017 IEEE Conference on Computer Vision and Pattern Recognition. Honolulu: IEEE, 2017.

[51] VALMADRE J, BERTINETTO L, HENRIQUES J F, et al. End-to-end representation learning for Correlation Filter based tracking[C]// 2017 IEEE Conference on Computer Vision and Pattern Recognition. Honolulu: IEEE, 2017.

[52] WANG N, YEUNG D Y. Learning a deep compact image representation for visual tracking[J]. Neural Information Processing Systems, 2013, 1: 809-817.

[53] QI Y, ZHANG S, QIN L, et al. Hedged deep tracking[C]// 2016 IEEE Conference on Computer Vision and Pattern Recognition. Las Vegas: IEEE, 2016.

[54] WANG L, QUYANG W, WANG X, et al. Stct: sequentially training convolutional networks for visual tracking[C]// 2016 IEEE Conference on Computer Vision and Pattern Recognition. Las Vegas: IEEE, 2016.

[55] NAM H, HAN B. Learning multi-domain convolutional neural networks for visual tracking[C]// 2016 IEEE Conference on Computer Vision and Pattern Recognition. Las Vegas: IEEE, 2016.

[56] TAO R, GAVVES E, SMEULDERS A W. Siamese Instance Search for Tracking[C]// 2016 IEEE Conference on Computer Vision and Pattern Recognition. Las Vegas: IEEE, 2016.

[57] CUI Z, XIAO S, FENG J, et al. Recurrently target-attending tracking[C]// 2016 IEEE Conference on Computer Vision and Pattern Recognition. Las Vegas: IEEE, 2016.

[58] NING G H, ZHANG Z, HUANG C, et al. Spatially supervised recurrent convolutional neural networks for visual object tracking[C]// 2016 IEEE Conference on Computer Vision and Pattern Recognition. Las Vegas: IEEE, 2016.

[59] 李俊宏，张萍，王晓玮，等. 红外弱小目标检测算法综述[J]. 中国图像图形学报，2020，25（9）：1739-1753.

[60] REED I, GAGLIARDI R M, STOTTS L. Optical moving target detection with 3-D matched filtering[J]. IEEE Transactions on Aerospace and Electronic Systems, 1988, 24(4): 327-336.

[61] SALMOND D J, BIRCH H. A particle filter for track-before-detect[C]// Proceedings of the 2001 American Control Conference. Arlington: IEEE, 2001.

[62] ZHANG F, LI C F, SHI L N. Detecting and tracking dim moving point target in IR image sequence[J]. Infrared Physics & Technology, 2005, 46(4): 323-328.

[63] DESHPANDE S D, ER M H, VENKATESWARLU R, et al. Max-mean and max-median filters for detection of small targets[J]. Processing of Small Targets International Society for Optics and Photonics, 1999, 3809: 74-83.

[64] BAI X Z, ZHOU F G. Analysis of new top-hat transformation and the application for infrared dim small target detection[J]. Pattern Recognition, 2010, 43(6): 2145-2156.

[65] SUN Y Q, TIAN J W, LIU J. Background suppression based-on wavelet transformation to detect infrared target[C]// 2005 International Conference on Machine Learning and Cybernetics. Guangzhou: IEEE, 2005.

[66] BUADES A, COLL B, MOREL J M. A non-local algorithm for image denoising[C]// 2005 IEEE Computer Society Conference on Computer Vision and Pattern Recognition. San Diego: IEEE, 2005.

[67] CHEN C L P, LI H, WEI Y, et al. A local contrast method for small infrared target detection[J]. IEEE Transactions on Geoscience and Remote Sensing, 2014, 52(1): 574-581.

[68] HE D, SUN X P, LIU M L, et al. Small Infrared target detection based on weighted local difference measure[J]. IEEE Transactions on Geoscience and Remote Sensing, 2016, 54(7): 4204-4214.

[69] QIN Y, LI B. Effective infrared small target detection utilizing a novel local contrast method[J]. IEEE Geoscience and Remote Sensing Letters, 2016, 13(12):1890-1894.

[70] SHI Y F, WEI Y T, YAO H, et al. High-boost-based multiscale local contrast measure for infrared small target detection[J]. IEEE Geoscience and Remote Sensing Letters, 2017, 15(1):33-37.

[71] YU Q H, XIE L X, WANG Y, et al. Recurrent saliency transformation network: incorporating multi-stage visual cues for small organ segmentation[C]// 2018 IEEE

Conference on Computer Vision and Pattern Recognition. Salt Lake City: IEEE, 2018.

[72] MICHAEL K, SALBERG A, JENSSEN R. Semantic segmentation of small objects and modeling of uncertainty in urban remote sensing images using deep convolutional neural networks[C]// 2016 IEEE Conference on Computer Vision and Pattern Recognition. Las Vegas: IEEE, 2016.

[73] WANG H, ZHOU L P, WANG L. Miss detection vs. false alarm: adversarial learning for small object segmentation in infrared images[C]// 2019 IEEE/CVF International Conference on Computer Vision. Seoul: IEEE, 2019.

[74] GAO C Q, MENG D Y, YANG Y, et al. Infrared patch-image model for small target detection in a single image[J]. IEEE Transactions on Image Processing, 2013, 22(12): 4996-5009.

[75] Dai Y M, Wu Y Q, Song Y. Infrared small target and background separation via column-wise weighted robust principal component analysis[J]. Infrared Physics and Technology, 2016, 77: 421-430.

[76] DAI Y M, WU Y Q. Reweighted infrared patch-tensor model with both nonlocal and local priors for single-frame small target detection[J]. IEEE Journal of Selected Topics in Applied Earth Observations and Remote Sensing, 2017, 10(8): 3752-3767.

[77] DAI Y M, WU Y Q, SONG Y, et al. Non-negative infrared patch-image model: robust target-background separation via partial sum minimization of singular values[J]. Infrared Physics and Technology, 2017, 81: 182-194.

[78] 熊斌，黄心汉，王敏. 基于自适应目标图像恢复的红外弱小目标检测[J]. 华中科技大学学报（自然科学版），2017，45（10）：25-30.

[79] WANG X Y, PENG Z M, KONG D H, et al. Infrared dim target detection based on total variation regularization and principal component pursuit[J]. Image and Vision Computing, 2017, 63: 1-9.

[80] SCHMIDT R O. Multiple Emitter location and signal parameter estimation[J]. IEEE Transactions on Antennas Propag, 1986, 34: 276-280.

[81] SCHMIDT R O. A signal subspace approach to multiple emitter location and spectral estimation[D]. Stanford: Stanford University, 1982.

[82] ROY R, KAILATH T. ESPRIT-estimation of signal parameters via rotational invariance techniques[J]. IEEE Transactions on Acoustics Speech and Signal

Processing, 1989, 37(7): 984-995.

[83] ZOLTOWSKI M D, STAVRINIDES D. Sensor array signal processing via a procustes rotations based eigenanalysis of the ESPRIT data pencil[J]. IEEE Transactions on Acoustics Speech and Signal Process,1989, 37(6): 832-861.

[84] MCCLOUD M, SCHARF L. A new subspace identification algorithm for high resolution DOA estimation[J]. IEEE Transactions on Antennas propagation, 2002, 50(10): 1382-1390.

[85] MESTRE X, LAGUNAS M A. Modified subspace algorithms for DOA estimation with large arrays[J]. IEEE Transactions on Signal Process, 2008, 56(2): 598-614.

[86] JOHNSON B A, ABRAMOVICH Y I, MESTRE X. MUSIC, G-MUSIC, and maximum-likelihood performance breakdown[J]. IEEE Transactions on Signal Process, 2008, 56(8): 3944-3958.

[87] REN Q S, WILLIS A J. Extending MUSIC to single snapshot and on line direction finding applications[J]. Radar 97. Edinburgh: IET, 1997.

[88] REN Q S, WILLIS A J. Fast root MUSIC algorithm[J]. Electronics Letters, 1997, 33(6): 450-451.

[89] HAARDT M. Single snapshot spatial smoothing with improved effective array aperture[J]. IEEE Signal Processing Letters, 2009, 16(6): 505-508.

[90] HAARDT M, NOSSEK J. Unitary ESPRIT: how to obtain increased estimation accuracy with areduced computational burden[J]. IEEE Transactions on Signal Process, 1995,45(5): 1232-1242.

[91] MALLAT S. A wavelet tour of signal processing[M]. Manhattan: Academic Press, 1999.

[92] CANDÈS E J, WAKIN M B. An introduction to compressive sampling[J]. IEEE Signal Processing Magazine, 2008, 25(2): 21-30.

[93] BARANIUK R G. Compressive sensing[J]. IEEE Signal Processing Magazine, 2007, 24(4):118-121.

[94] BARANIUK R G. More is less: signal processing and the data deluge[J]. Science, 2011,331(6018): 717-719.

[95] MALIOUTOV D M, MUJDAT C, WILLSKY A S. A sparse signal reconstruction perspective for source localization with sensor arrays[J]. IEEE Transactions on Signal

Processing, 2005, 53(8): 3010-3022.

[96] CANDÈS E J, ROMBERG J, TAO T. Robust uncertainty principles: Exact signalreconstruction from highly incomplete frequency information[J]. IEEE Transactions on Information Theory, 52(2), 489-509.

[97] DONOHO D L. Compressed sensing[J]. IEEE Transactions on Information Theory, 2006, 52(4): 1289-1306.

[98] BILIK I. Spatial compressive sensing for direction-of-arrival estimation of multiple sources using dynamic sensor arrays[J]. IEEE Transactions on Aerospace and Electronic Systems, 2011, 47(3): 1754-1769.

[99] NORTHARDT E T, BILIK I, ABRAMOVICH Y I. Spatial compressive sensing fordirection-of-arrival estimation with bias mitigation via expected likelihood[J]. IEEE Transactions on Signal Processing, 2013, 61(5): 1183-1195.

[100] HU N, YE Z, XU D, et al. A sparse recovery algorithm for DOA estimation using weighted subspace fitting [J]. Signal Processing, 2012, 92(10): 2566-2570.

[101] WANG W, WU R. High resolution direction of arrival (DOA) estimation based on improved orthogonal matching pursuit (OMP) algorithm by iterative local searching[J]. Sensors, 2013, 13(9): 1167-1183.

[102] QI Z S, GUO Y, WANG B H. Blind direction-of-arrival estimation algorithm for conformal array antenna with respect to polarisation diversity[J]. IET Microwaves, Antennas & Propagation, 2011, 5(4): 433-442.

[103] Yang P, Yang F, Nie Z P. DOA estimation with sub-array divided technique and interporlated esprit algorithm on a cylindrical conformal array antenna[J]. Progress in Electromagnetics Research, 2010, 103: 201-216.

[104] PENG Y, FENG Y, ZAIPING N. DOA estimation using music algorithm on a cylindrical conformal array[C]// 2007 IEEE Antennas and Propagation Society International Symposium. Honolulu: IEEE, 2007.

[105] 冯杰, 杨益新, 孙超. 低频共形阵的宽带波束域高分辨方位估计方法[J]. 系统工程与电子技术, 2008, 30（1）: 24-27.

[106] 周义建, 王布宏, 齐子森, 等. 柱面共形阵列天线WSF算法DOA估计性能分析[J]. 空军工程大学学报（自然科学版），2008，9（4）: 74-78.

[107] 齐子森, 郭英, 王布宏, 等. 基于ESPRIT算法的柱面共形阵列天线DOA估计[J]. 系

统工程与电子技术，2011，33（8）：1727-1731.

[108] 齐子森,郭英,王布宏,等. 锥面共形阵列天线相干信源盲极化 DOA 估计算法[J]. 系统工程与电子技术，2011，33（6）：1226-1230.

[109] 杨鹏,杨峰,聂在平,等. 基于圆柱共形阵的快速来波方向估计[J]. 电波科学学报，2012，27（1）：61-65.

[110] 张学敬,杨志伟,廖桂生. 半球共形阵列的两种虚拟变换方式性能对比[J]. 西安电子科技大学学报，2014，41（3）：33-40.

[111] BELLONI F, RICHTER A, KOIVUMEN V. DOA estimation via manifold separation for arbitrary array structures[J]. IEEE Transactions on Signal Processing, 2007, 55(10): 4800-4810.

[112] RUBSAMEN M, GERSHMAN A B. Direction-of-arrival estimation for nonuniform sensor arrays: from manifold separation Fourier domain music methods[J]. IEEE Transactions on Signal Processing, 2009, 57(2): 585-599.

[113] CHAN A Y, LITVA J. MUSIC and maximum techniques on two-dimensional DOA estimation with uniform circular array[J]. IEEE Proceedings Radar Sonar and Navigation, 1995, 142(3): 105-114.

[114] 刘全，王雪松，皇甫堪. 二维虚拟 ESPRIT 算法[J]. 国防科技大学学报，1999，4（21）：63-67.

[115] LI J, ZHANG X, CHEN H. Improved two-dimensional DOA estimation algorithm for two-parallel uniform linear arrays using propagator method[J]. Signal Processing, 2012, 92(12): 3032-3038.

[116] 蒋驰,张小飞,张立岑. 基于级联 MUSIC 的面阵中的二维 DOA 估计算法[J]. 系统工程与电子技术，2016，38（2）：251-258.

[117] ZOLTOWSKI M D，HAARDT M, MATHEWS C P. Closed-form 2D angle estimation with rectangular arrays in element space or beamspace via unitary ESPRIT[J]. IEEE Transactions on Signal Process, 1996, 44(2): 326-328.

[118] 黄英,景小荣.采用局部搜索的二维 DOA 估计方法[J]. 电讯技术，2017，57（2）：210-216.

[119] 蒋驰,张小飞,张立岑. 面阵中降维 Capon 的二维 DOA 估计[J]. 应用科学学报，2015，33（2）：167-177.

[120] 田正东,唐加山. 面阵中基于传播算子的二维 DOA 估计算法[J]. 计算机工程与

应用，2017，53（22）：35-39.

[121] 闫锋刚，刘帅，金铭，等. 基于降维噪声子空间的二维阵列 DOA 估计算法[J]. 电子与信息学报，2012，34（4）：832-837.

[122] PILLAI S U, KWON B H. Forward/backward spatial smoothing techniques for coherent signal identification[J]. IEEE Transactions on Acoustics Speech and Signal Processing, 1989, 37(1): 8-15.

[123] YEH C C, LEE J H, CHEN Y. Estimating two-dimensional angles of arrival incoherent source environment[J]. IEEE Transactions on Acoustics Speech and Signal Processing, 1989, 37(1): 153-155.

[124] CHEN Y M. On spatial smoothing for two-dimensional direction-of-arrival estimation of coherent signals[J]. IEEE Transactions on Signal Processing, 1997, 45(7): 1689-1696.

[125] HAN F M, ZHANG X D. An ESPRIT-like algorithm for coherent DOA estimation[J]. IEEE Antennas & Wireless Propagation Letters, 2005, 4(1): 443-446.

[126] MA Y Y, LI C X, YANG J. An improved algorithm based on ESPRIT-Like for coherent signals[C]// 2012 IEEE 14th International Conference on Communication Technology. Chengdu: IEEE, 2012.

[127] Wen F, So H C. Tensor-MODE for multi-dimensional harmonic retrieval with coherent sources[J]. Signal Processing, 2015, 108: 530-534.

[128] WEN F X, LIANG C. Improved tensor-MODE based direction-of-arrival estimation for massive MIMO systems[J]. IEEE Communications Letters, 2015, 19(12): 2182-2185.

[129] YAO B B, HUI M, BAI L, et al. Two-dimension coherent multipath DOA estimation without spatial smoothing in massive MIMO systems[J]. GLOBECOM 2017 - 2017 IEEE Global Communications Conference. Singapore: IEEE 2017.

[130] 李鹏飞，张曼，钟子发. 基于空间角稀疏表示的二维 DOA 估计[J]. 电子与信息学报，2011，33（10）：2402-2406.

[131] ZHAO G H, SHI G M, SHEN F F, et al. A sparse representation-based DOA estimation algorithm with separable observation model[J]. IEEE Antennas and Wireless Propagation Letters, 2015, 14: 1586-1589.

[132] WANG F, CUI X W, LU M Q. Decoupled 2D direction finding based on sparse

signal reconstruction[C]// 2014 IEEE Military Communications Conference. Baltimore: IEEE, 2014.

[133] F LI, C TIAN, W M ZUO, et al. Learning spatial-temporal regularized correlation filters for visual tracking[C]// 2018 IEEE/CVF Conference on Computer Vision and Pattern Recognition. Salt Lake City: IEEE, 2018.

[134] T Y XU, Z H FENG, X J WU, et al. Learning adaptive discriminative correlation filters via temporal consistency preserving spatial feature selection for robust visual object tracking[J]. IEEE Transactions on Image Processing, 2019, 28(11): 5596-5609.

[135] Y WU, J LIM, M H YANG. Object tracking benchmark[J]. IEEE Transactions on Pattern Analysis and Machine Intelligence, 2015, 37(9): 1834-1848.

[136] LI X R, JILKOV V P. Survey of maneuvering target tracking. Part I. Dynamic models[J]. IEEE Transactions on Aerospace & Electronic Systems, 2004, 39(4): 1333-1364.

[137] 王广龙，田杰，朱文杰，等. 特征融合和自适应权重更新相结合的运动模糊目标跟踪[J]. 光学精密工程，2019，27（5）：1158-1166.

[138] HE Y J, LI M, ZHANG J L, et al. Small infrared target detection based on low-rank and sparse representation[J]. Infrared Physics & Technology, 2015, 68: 98-109.

[139] LIU X, ZHAO G, YAO J, et al. Background subtraction based on low-rank and structured sparse decomposition[J]. IEEE Transactions on Image Processing, 2015, 24(8): 2502-2514.

[140] BECK A, TEBOULLE M. A fast iterative shrinkage-thresholding algorithm for linear inverse problems[J]. Siam Journal on Imaging Sciences, 2009, 2(1): 183-202.

[141] GUAN X W, ZHANG L D, HUANG S Q, et al. Infrared small target detection via non-convex tensor rank surrogate joint local contrast energy[J]. Remote Sensing, 2020, 12(9):1520.

[142] 回丙伟，宋志勇，范红旗，等. 红外序列图像中弱小飞机目标检测跟踪数据集[EB/OL]. [2023-10-20]. http://www.csdata.org/p/387/1/.

[143] TOM V T, PELI T, LEUNG M, et al. Morphology-based algorithm for point target detection in infrared backgrounds[J]. Signal & Data Processing of Small Targets, 1993,1954(1): 2-11.

[144] DESHPANDE S D, MENG H E, RONDA V, et al. Max-mean and max-median

filters for detection of small-targets[J]. Signal and Data Processing of Small Targets 1999, 3809: 74-83.

[145] Wei Y T, X G You, H Li. Multiscale patch-based contrast measure for small infrared target detection[J]. Pattern Recognition, 2016, 58:216-226.

[146] ZHANG L D, PENG Z M. Infrared small target detection based on partial sum of the tensor nuclear norm[J]. Remote Sensing, 2019, 11(4): 382.

[147] ZHANG, L D, PENG L B, ZHANG T F, et al. Infrared small target detection via non-convex rank approximation minimization joint l2,1 norm[J]. Remote Sensing, 2018, 10(11): 1821.

[148] 王永良，陈辉，彭应宁，等. 空间谱估计理论与算法[M]. 北京：清华大学出版社，2004.

[149] PANAYIOTIS I, CONSTANTINE A B. Wideband beamforming using circular arrays[C]. IEEE Antennas and Propagation Society International Symposium. Monterey: IEEE, 2004.

[150] TUFTS D, KOT A, VACCARO R. The threshold effect in signal processing algorithms which use an estimated subspace[M]// VACCARO R. SVD and Signal Processing II: Algorithm, Analysis and Applications. New York: Elsevier, 1991.

[151] TUFTS D, KOT A, VACCARO R. The threshold analysis of SVD-based algorithms[C]// ICASSP-88, International Conference on Acoustics, Speech, and Signal Processing. New York: IEEE, 1988.

[152] JOHNSON B A, ABRAMOVICH Y I, MESTRE X. MUSIC, G-MUSIC, and maximum-likelihood performance breakdown[J]. IEEE Transactions on Signal Processing, 2008, 56(8): 3944-3958.

[153] ROALD G, HENDRIK R. UCA Root-MUSIC with sparse uniform circular arrays[J]. IEEE Transactions on Signal Processing, 2008, 56(8): 4095-4099.

[154] MATHEWS C P, ZOLTOWSKI M D. Performance analysis of the UCA-ESPRIT algorithm for circular ring arrays[J]. IEEE Transactions on Signal Processing, 1994, 42(9): 2535-2539.

[155] THOMAS B, KOICHI I, HIROYUKI A. Underdetermined DOA estimation for uniform circular array based on sparse signal reconstruction[C]// 2016 International Symposium on Antennas and Propagation. Okinawa: IEEE, 2016.

[156] STOICA P, MOSES R L. Spectral analysis of signals[M]. Upper Saddle River: Pearson Prenyice Hall, 2005: 265-283.

[157] 杨仰强, 王世练, 张尔扬. 柱面共形阵列高性能低复杂度 DOA 估计算法[J]. 太赫兹科学与电子信息学报, 2016, 14 (6): 898-904.

[158] 张羚, 郭英, 齐子森, 等. 柱面共形天线阵列盲极化 2D DOA 估计[J]. 空军工程大学学报（自然科学版）, 2016, 17 (3): 78-84.

[159] ZISHEN Q, YING G, BUHONG W. DOA estimation algorithm for conical conformal array antenna[C]// 2009 IET International Radar Conference. Guilin: IET, 2009.

[160] 张树银, 郭英, 齐子森, 等. 锥面共形阵列相干源 DOA 和极化参数的联合估计算法[J]. 宇航学报, 2012, 33 (7): 957-962.

[161] 刘帅, 周洪娟, 金铭, 等. 锥面共形阵列天线的极化-DOA 估计[J]. 系统工程与电子技术, 2012, 34 (2): 254-257.

[162] 刘帅, 闫峰刚, 金铭, 等. 基于四元数 MUSIC 的锥面共形阵极化-DOA 联合估计算法[J]. 系统工程与电子技术, 2016, 38 (1): 1-7.

[163] STOICA P, BABU P, LI J. New method of sparse parameter estimation in separable models and its use for spectral analysis of irregularly sampled data[J]. IEEE Transactions on Signal Processing, 2011, 59(1): 35-47.

[164] STOICA P, BABU P, LI J. SPICE: a sparse covariance-based estimation method for array processing[J]. IEEE Transactions on Signal Processing, 2011, 59(2): 629-638.

[165] STOICA P, BABU P. SPICE and LIKES: two hyperparameter-free methods for sparse-parameter estimation[J]. Signal Processing, 2012, 92(7): 1580-1590.

[166] OTTERSTEN B, STOICA P, ROY R. Covariance matching estimation techniques for array signal processing applications[J]. Digitial Signal Processing, 1998, 8(3): 185-210.

[167] LI H, STOICA P, LI J. Computationally efficient maximum likelihood estimation of structured covariance matrices[J]. IEEE Transaction on Signal Processing, 1999, 47(5): 1314-1320.